U0158875

九宫格方法论体系

培训项目
方案设计

国网大学（国家电网有限公司高级培训中心） 著

中国电力出版社
CHINA ELECTRIC POWER PRESS

内 容 提 要

本书的主题是"培训项目方案设计方法分类及方法论体系"，中心内容包括培训项目方案设计方法九宫格分类、九大类培训项目方案设计的共性流程、九大类培训项目方案设计的个性化流程及操作方法和工具表单。本书从理论、方法、技术三个层面，用直观的图表和浅显易懂的语言，使读者轻松掌握培训项目方案设计的先进理念、科学方法和实操工具。既适合培训、咨询工作及管理人员学习使用，也适合人力资源和企业各级管理者了解如何让培训发挥更大价值。

本书可作为拟从事培训相关工作的学生、人力资源管理人员、培训或咨询机构人员、企事业单位领导、部门负责人等学习培训用书。

图书在版编目（CIP）数据

培训项目方案设计 / 国网大学（国家电网有限公司高级培训中心）著. — 北京：中国电力出版社，2020.4（2023.11 重印）

ISBN 978-7-5198-4497-4

Ⅰ.①培⋯　Ⅱ.①国⋯　Ⅲ.①电力工业－职工培训－方案设计　Ⅳ.① TM

中国版本图书馆 CIP 数据核字（2020）第 047961 号

出版发行：中国电力出版社

地　　址：北京市东城区北京站西街 19 号（邮政编码 100005）

网　　址：http://www.cepp.sgcc.com.cn

责任编辑：冯宁宁（010-63412537）

责任校对：黄　蓓　于　维

装帧设计：赵姗姗

责任印制：吴　迪

印　　刷：北京盛通印刷股份有限公司

版　　次：2020 年 6 月第一版

印　　次：2023 年 11 月北京第三次印刷

开　　本：787 毫米 ×1092 毫米　16 开本

印　　张：10.75

字　　数：119 千字

定　　价：75.00 元

版 权 专 有　侵 权 必 究

本书如有印装质量问题，我社营销中心负责退换

编　委　会

主　　　编　卓洪树　倪吉祥

副 主 编　李洪强　杨爱勤　葛旭波　刘贵欣　耿　岚

编委会成员　李　鹏　曹爱民　刘　严　高　澈　王　骁

编写组组长　卢　婷　王　骁

编写组成员　田亦林　史瑞卿　刘　心　程璐楠　谢　清
　　　　　　吴　晶　程　涛　黄　珂　毛春涛　郭　进
　　　　　　张庆伟　徐新容　李　峥　张吉辉　潘寒梅
　　　　　　游诗棋　李牧青　许　欢　唐　凯　李康宁
　　　　　　赵启东

前　言

　　世界上唯一的不变就是变化，而学习是组织适应不断变化环境的法宝。培训项目是组织学习发展的重要载体，它除了发挥人才培养的基础作用外，还可以为组织战略创新提供服务支撑，也可以是推动业务绩效改进的重要手段，更可以成为实现组织知识沉淀与管理的重要平台。但目前，在很多组织中培训项目尚未全面、充分发挥上述作用。因此，如何提升学习培训的效能是各类组织普遍关注的问题。

　　对于每年各类组织开展的大量学习培训项目，方案设计是其能否成功达成目标的关键。但是目前，培训行业对培训项目方案设计方法没有明确的分类方式，也未建立分类的方法论体系和技术标准，培训方案设计人员缺乏科学、高效的方法指导和工具辅助，影响了先进培训模式在企业推广应用，进而制约了培训机构在学员行为改变和组织绩效提升等方面重要作用的发挥，甚至造成组织对培训机构价值的质疑。

　　工欲善其事，必先利其器。国网大学（国家电网有限公司高级培训中心）作为国家电网有限公司直属的教育培训单位，承担着公司高素质、复合型、国际化人才培养的重任，是公司系统专业管理人员培训的重要机构。为解决上述问题，进一步创新人才培养与发展模式，更好地为组织人才培养和软实力提升提供服务保障和智力支持，国网大学于 2016 年开展了培训项目方案设计方法的创新研究，在总结提炼近 20 年培训项目方案设计实践经验基础上，搜集梳理了培训项目方案设计相关经典和前沿理论及国内外先进企业的成功实践；首次提出培训项目方案设计方法论九宫格分类模型，填补了该领域研究空白，实现了该领域原始创新。基于各类培训项目方案设计流程共性特点，结合工作实践，构建了培训项目方案设计 DIDDI 模型。创新提出并运用"基于方案原型的模型构建"研究方法，研发了九类培训项目方案设计实操方法和工具模板，为开展各类培训项目方案设计提供方法工具；为培训智能化、信息化建设提供基础支撑。

3 年来，研究成果得到国家电网有限公司人力资源部领导和培训同行的认可和肯定，在国家电网公司系统的培训班和培训行业重要会议中发表，引起广泛关注。部分成果已转化为国网大学培训项目方案设计工作规范发文，并应用于培训项目方案智能设计软件开发中。该成果已在国网大学承办的培训项目方案设计中得到广泛应用，有效提升了培训项目方案设计的科学性和实效性。同时，该成果为国家电网有限公司及培训行业制订技术标准奠定基础，其中的培训项目方案设计九宫格分类和 DIDDI 模型已于 2019 年 12 月作为国家电网公司技术标准正式发布。

出版本书的目的，一是为广大培训工作者提供先进的方法论指导和实用工具模板，助力专业工作能力和组织培训价值提升，使学习培训发挥更大作用。二是帮助各类组织提升培训的科学化、专业化和人力资源集约化管理水平，提高培训效益，减少培训工作者、培训资金、学员时间等资源浪费。三是为培训工作的智能化发展提供基础支撑，助力组织提高培训工作生产率，节约培训工作人工成本。

　　本书所介绍的成果在研究和实践中得到了国家电网有限公司人力资源部、研究室、科技部、产业发展部、国际合作部、企业管理协会等部门、国家电网有限公司系统相关单位和北京正略博学管理咨询有限公司领导和专家，以及国网大学（国家电网有限公司高级培训中心）历任领导和相关部门同事的指导、帮助和支持，参考了很多相关书籍、文献资料和行业实践，在此一并表示衷心感谢！

　　由于本书成果的实践应用还在持续推进中，还有很多不足之处，欢迎各位读者提出宝贵意见。

编　者

2020 年 6 月

目　录

第一章

认识培训项目
方案设计

第一节　相关概念的界定

一、培训项目

培训项目是以企业发展为出发点，在全面、客观的培训需求分析基础上，为实现一定目标，将培训内容、培训指导者、培训对象、培训场所与设备及培训方法等要素按照相关学习原理进行有机结合，在特定的时间、预算、资源限定内按照规范予以完成的活动。

二、培训项目方案

培训项目方案是培训项目思路策划书或指导手册，一般包括培训背景、培训目标、培训内容、培训方法、学习路径、效果评估等基本要素。

三、培训项目方案设计

培训项目方案设计是在培训需求研究的基础上，明确培训目标并匹配合适的培训方式、资源及转化技术，设计培训实施计划的过程。

第二节　培训项目方案设计方法论分类

我们所见过的众多培训项目方案，它们彼此相似又各有不同。为了更好地认识并设计培训项目方案，分类是一种有效的手段。清晰的方案设计方法分类，不仅可以帮助设计者准确认识各类培训项目设计的核心关键点，还能够按照分类研究成果（培训项目方案设计方法论体系）指导实际工作，提升实效。

一、分类的理论依据

培训项目方案设计最核心的两个影响要素是培训需求与培训效果，即培训项目的起点与终点，也是本方法论的核心分类依据。

1. 需求分析模型——起点

1961年 McGehee & Thayer 提出培训需求分析一般从三个层面进行：组织分析、任务分析、人员分析。这是迄今为止培训需求分析最有影响力的一种结构。20世纪80年代，I.L.Goldstein、E.P.Braverman、H.Goldstein 三人经过长期的研究将培训需求分析方法系统化，提出了三要素模型，如图1-1所示。

图1-1 培训需求分析三要素模型

组织分析是指在组织经营战略的前提下，判断组织中哪些部属和哪些部门需要培训，以保证培训计划符合组织的整体目标与战略要求；任务分析是指通过分析关键岗位任务、绩效标准、任职资格等，由此确定与任务相关的各项培训内容，并定义各项培训内容的重要性和掌握的困难程度；人员分析是从员工实际的能力现状和绩效水平出发，分析现有情况与理想任务要求之间的差距，即"目标差"，以形成培训目标和内容。

2. 效果评估模型——终点

如图 1-2 所示，柯氏四级培训评估模式由国际著名学者威斯康星大学教授 Donald. L. kirkpatrick（柯克帕特里克）于 1959 年提出，是世界上应用最广泛的培训评估工具。由于实际培训中，主办方关注的至少到学习层，所以本方法论主要采用了后三种评估（即：学习层评估、行为层评估和结果层评估）作为效果的程度划分依据。

一 反应层评估
意义：衡量学员对课程的接受程度
方法：问卷、面谈、综合座谈

二 学习层评估
意义：衡量学员对课程的掌握程度
方法：问卷、模拟练习、学习测验、心得交流

三 行为层评估
意义：衡量学员的工作变化是培训所导致
方法：行为观察、学员（主管、同事）问卷访问

四 结果层评估
意义：衡量培训导致组织绩效变化
方法：个人与组织绩效指标、成本效益考核

图 1-2　柯氏四级评估模型

二、方法论分类内涵

为了清晰界定和区分现有及未来培训项目中可能涉及的各类方案设计方法论，我们借鉴需求分析三要素模型以及柯氏四级评估模型，创新地采用需求层次及效果程度作为项目方案设计方法论分类的两个依据。

其中，需求层次是指根据发起项目的初衷不同将项目划分为三个层次，从低到高依次为人才发展层次、业务发展层次以及组织发展层次。人才发展层次指项目初衷是以"人"为出发点，即发展某类人才的一项或若干项能力，如中层干部领导力提升、技术人员创新力提升等；业务发展层次指项目初衷是以"事"为出发点，即适应某一项或若干项业务变化、发展的需要，如新劳动法出台对相关部门的影响解读等；组织发展层次指项目初衷是以"系统"为出发点，支撑某一项或若干项战略要求落地，如"公司发展战略"全员宣贯。值得说明的是，三个层次的需求具有自上至下兼容的关系，即组织发展的需求会提出对业务发展及人才发展的需求，而业务发展也会提出对人才发展的需求。

效果程度是根据项目预期实现的效果不同，将项目划分为三个层次，从低到高依次为认知改变层次、行为改善层次及绩效改进层次。其中认知改变层次指项目预期效果是"知道"，即让员工拓展知识技能；行为改善层次指项目预期效果是"做到"，即让员工展现应有行为；绩效改进层次指项目预期效果是"得到"，即让员工乃至部门、组织的绩效结果有所提升。同理，三个层次的效果具有自上至下兼容的关系，即得到绩效提升结果的前提是让员工知道且做到，而让员工做到的前提是让员工知道。

基于项目需求层次和效果程度两个维度，本研究建立了项目方案设计方法论的九宫格分类模型，将培训项目方案设计方法论分为九类，如图 1-3 所示。

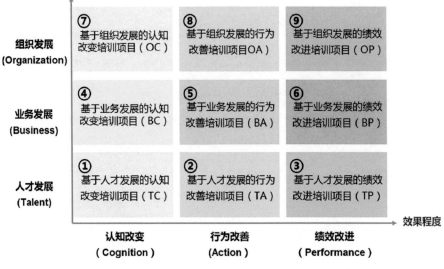

图 1-3　九宫格分类模型

图 1-3 中，数字①～⑨，代表的项目方案设计方法分别：

① 基于人才发展的认知改变培训项目设计（TC）。它是指从员工认知要求出发，分析现有认知情况与理想认知要求之间的差距，即"认知差距"，以形成培训目标和内容的过程。

② 基于人才发展的行为改善培训项目设计（TA）。它是指从员工素质要求出发，搭建素质能力模型，通过能力测评和调研分析，发现员工的"行为差距"，通过行动学习促进员工能力提升的设计过程。

③ 基于人才发展的绩效改进培训项目设计（TP）。它是指在明确岗位绩效标准的基础上，排除外部影响因素，分析目标岗位绩优人员与一般绩效人员的差距（知识、技能、意愿），通过绩效辅导跟进技术设计，实现个人绩效提升的过程。

④ 基于业务发展的认知改变培训项目设计（BC）。它是指通过分析完成该项业务所需要的知识、技能和态度，即业务认知要求，由此确定与业务相关的各项培训内容的过程。

⑤ 基于业务发展的行为改善培训项目设计（BA）。它是指通过分析支撑业务发展的重点工作任务，聚焦任务痛点，调研分析员工完成该项业务的"行为差距"，针对匹配学习资源及转化技术的过程。

⑥ 基于业务发展的绩效改进培训项目设计（BP）。它是指通过业务绩效分析诊断，明晰影响绩效的各项因素，匹配相应的培训措施部分解决绩效问题的过程。

⑦ 基于组织发展的认知改变培训项目设计（OC）。它是指在组织经营战略的条件下，判断组织中哪些部属和哪些部门需要培训与组织战略相关的哪些内容，并设计学习活动，以保证培训计划符合组织的整体目标与战略要求的策划活动。

⑧ 基于组织发展的行为改善培训项目设计（OA）。它是指针对组织层面的行为问题，选取标杆参照，通过培训手段的设计以达到组织标杆学习，改善组织行为的过程。

⑨ 基于组织发展的绩效改进培训项目设计（OP）。它是指基于组织战略绩效分解，系统地实施人才管理，并通过绘制人才地图规划组织人才发展，致力于增强组织结构、进程、战略、人员和文化之间的一致性的分析、策划过程。

三、方法论主要差异

九类方案设计的设计方法各有差异，主要体现在培训目标、需求分析、学习方式、评估方式等维度，详见表1–1。

表 1-1   九类方案设计方法差异比较

类型	项目目标	需求分析	学习方式	评估方式
基于人才发展的认知改变培训项目方案设计	目标主体：人才发展 目标程度：认知改变	岗位胜任认知要求与认知现状差距	电子化学习集中面授实操培训	知识技能测验
基于人才发展的行为改善培训项目方案设计	目标主体：人才发展 目标程度：行为改善	岗位胜任行为要求与行为现状差距	行动学习岗位实践	能力测评
基于人才发展的绩效改进培训项目方案设计	目标主体：人才发展 目标程度：绩效改进	岗位胜任绩效要求与绩效现状差距	最佳实践学习绩效辅导	绩效考核
基于业务发展的认知改变培训项目方案设计	目标主体：业务发展 目标程度：认知改变	业务发展认知要求与认知现状差距	电子化学习集中面授实操培训	知识技能测验
基于业务发展的行为改善培训项目方案设计	目标主体：业务发展 目标程度：行为改善	业务发展行为要求与行为现状差距	任务实践辅导跟进	任务复盘与行为举证
基于业务发展的绩效改进培训项目方案设计	目标主体：业务发展 目标程度：绩效改进	业务发展绩效要求与绩效现状差距	绩效改进辅导	绩效考核
基于组织发展的认知改变培训项目方案设计	目标主体：组织发展 目标程度：认知改变	组织发展认知要求与认知现状差距	电子化学习集中面授实操培训	知识技能测验
基于组织发展的行为改善培训项目方案设计	目标主体：组织发展 目标程度：行为改善	组织发展行为要求与行为现状差距	组织标杆学习	组织行为诊断
基于组织发展的绩效改进培训项目方案设计	目标主体：组织发展 目标程度：绩效改进	组织绩效发展要求与绩效现状差距	综合采用各类学习方式	综合采用各类评估方式

第二章

培训项目
方案设计流程模型

——DIDDI 模型

第一节　理论依据

在项目的理论研究阶段，盘点了培训项目方案设计的经典流程设计理论与标杆实践，梳理并提炼培训项目方案设计共性逻辑。

一、ADDIE 模型

ADDIE 模型最初是一套有系统地发展教学的方法，是培训课程开发模型之一，涉及从分析（Analysis）、设计（Design）、开发（Develop）、执行（Implement）到评估（Evaluate）的整个过程，现在也被广泛运用到培训设计中。

二、6D 模型

6D 模型是基于绩效的学习项目流程法则，包含"Define 界定业务收益、Design 设计完整体验、Deliver for Application 引导学以致用、Drive Learning Transfer 推动学习转化、Deploy Performance Support 实施绩效支持、Document Results 评估学习成果"等环节，帮助培训者设计、引导、记录学习与发展项目的整个过程，通过学习促进业务收益。

三、ACS 模型

ACS 是创新领导力中心（CCL）实验室基于实践研究得出的一套学习发展模型。具体是指：Assessment——自我认知测评深度了解自我；Challenge——在最挑战的工作战场上实践和提升自我；Support——借力公司内外部可支配资源，提升自我。

四、PBL 学习理论

PBL 是基于项目 / 问题的学习理论，常见于行动学习培训项目。通常其操作程序分为选定项目、制订计划、活动探究、成果制作、分享交流和活动评价六个步骤。

五、BETTER 模型

BETTER 模型是国药大学立足公司实际，从战略发展和业务需求出发，借鉴经典培训理论研究出的一套企业特色的学习发展方法，包括 Business 挖掘业务需求、Experience 设计完美体验、Transformation 实施带动转变、Transfer 促动效果迁移、Evaluate 评估复盘成果等要素。

六、任务导向的 O2O 轻型培养模式

任务导向的 O2O 轻型培养模式是正略博学应"互联网＋"的时代要求，基于上百家企业培训咨询实践积累提出的人才培养模式，其流程是需求分析、任务设计、知识导入、行动实践和复盘总结，打造"知行悟"学习循环圈，让学员从知道到做到。

第二节　培训项目方案设计流程模型

基于各类培训项目方案设计理论及标杆实践研究，结合国家电网公司培训实践，我们提出了具有国家电网企业特色的、且不局限于个别类型方案设计的通用培训项目方案设计流程模型——DIDDI 模型，如图 2-1 所示。

图 2-1　DIDDI 模型

一、探究期望

1. 概念界定

探究期望（Dig Training Expectation）是指方案设计者在接到主办方的初步项目意向或参与人才发展规划时，与主办方或业务部门详细沟通、界定项目需求，明确培训预期、资源以及基本思路的过程。

2. 价值意义

探究期望可以帮助方案设计者和主办方反思培训初衷，客观审视培训目标，圈定培训主题范围，并初步设定培训项目方案设计采用的方法论类别。同时，避免陷入"培训陷阱"，为了培训而培训或者把培训当作万能药。

3. 实现方法

探究期望可以通过解决四个关键问题——3W1H 来实现：

（1）Why——为什么要培训？初衷是什么？初步定向培训的出发点是"人""事"还是"系统"？

（2）What——通过培训实现什么目标？定位培训的预期效果。

（3）Who——项目相关人有哪些？谁来评估，如何评估项目效果？分析相关人对项目的潜在诉求。

（4）How——项目的初步思路是？探寻主办方的项目主张。

通过与主办方沟通以上问题，可以对项目的需求层次和效果程度有初步的界定，进而预判可采取的项目方案设计方法论，但不绝对，这取决于主办方对问题认识的准确性。但对主办方进行期望探究可以明确诊断分析的方向。

二、调研现状

1. 概念界定

调研现状（Investigate Present Status），是指就主办方培训期望探究的大体内容方向，对企业、学员的现状进行调研分析。

2. 价值意义

了解具体情况并挖掘问题根本原因，以便对症下药，寻找问题的解决策略。

3. 实现方法

该阶段常见的通用方法有问卷调研法、访谈调研法（含座谈）及资料分析法。在此基础上，不同类型的项目方案设计也会有相对差异化的诊断分析方法，如标杆分析法、绩效分析法、专项测评法和胜任能力分析法等，将会在各类型项目方案的设计方法论介绍中具体说明。

（1）问卷调研的操作流程说明。

1）设计问卷：以选择题为主，可在问卷的最后放 1~2 道开放题。

2）试调修正：小范围内试调查并试统计，检验是否满足调研需求，是否便于统计分析，根据试用效果对问卷进行修正，删除干扰项，更正歧义项，增加遗漏项。

3）开展调查：通过纸质、培训学习平台或问卷网等媒介发放问卷，进行调查。

4）回收分析：按照预定时间，回收问卷，统计分析问卷。

（2）访谈调研。

1）确定访谈对象和人数：访谈的对象可以包括目标学员（人数最多，以50人班级为例，取班级人数的1/5左右，需要具有代表性，涵盖各种典型类型，同时，所选取的学员最好愿意表达，配合度高）、学员领导（3~5位，约1/10，配合度要高）、主办方、专家（1~2位）等。

2）撰写访谈提纲：一般包含四个方面的问题——目标学员的基本情况、能力要求、面临的认知挑战、过往培训经历和培训期望，与问卷调研的模块基本一致，但可获得的信息更多，更灵活。每一个模块采取"剥洋葱"的提问方式，层层深入。每完成一个模块要注意总结，向被访者复述进行确认。

3）实施调研：提前与主办方达成共识，通知被访者约访。按照约定时间进行访谈与记录，形成访谈结论。

（3）资料阅研。资料阅研的内容包括数字化信息库记录、单位网站（包括单位简介、重要工作报告、组织架构、重要新闻等）、企业相关文件（包括年度会议报告、工作指示、人才培养规划、岗位任职要求、培训档案）等。

三、界定目标

1. 概念界定

界定目标（Define Training Aim）是指通过调研诊断后，准确定位培训项目的需求层次及效果程度，判断培训项目方案设计采用的方法论类别，并与主办方达成目标共识。

2. 价值意义

培训目标准确与否，直接影响培训资源（课程、师资、学习活动、转化技术等）匹配的精准性，是培训项目成功的前提。

3. 实现方法

目标界定"FEF"三步法，即"聚焦（focus）—拓展（expand）—聚焦（focus）"。

（1）聚焦关键。

通过需求调研分析，项目方案设计者可能发现企业或目标学员面临多个问题需要解决，需要从中挑选出企业最关心的问题。

（2）拓展思考。

针对同一培训需求，培训设计者可以设计很多培训项目对目标学员、业务、组织产生影响，但是，不是所有的培训项目都能实现，此时设计者基于企业最需要解决的关键问题（需求）以及问题解决的程度（效果），需要综合考量以下因素：

1）资源支持：企业或业务部门就培训项目可投入的时间、经费会对培训项目的类型选择产生影响，如果时间不足、经费不够，培训就可能无法深入开展，局限于集中面授班的形式。

2）机制支持：行动学习、导师制、教练技术、现场督导等培训项目转化技术的实现需要企业或业务部门相应的制度或机制支持，否则此类培训活动无法开展，在确定培训形式前需要与主办方进行确认，确保可行性。

（3）共识目标。

在资源有限的情况下，培训设计者需要有充分的数据为基础，判断是选择某些机会还是放弃一些机会，就项目基本思路及目标与主办方达成共识，选择合适的项目设计方法论。达成的目标共识应遵循 SMART 原则，见表 2-1。

表 2-1 目标 SMART 原则

原 则	说 明
S（Specific）	明确性，即明确说明要达到的认知、行为、绩效要求
M（Measurable）	可衡量性，即应该有明确的数据、标准作为衡量的依据
A（Attainable）	可达成性，即根据实际情况设计切实可行、可达到的目标
R（Realistic）	实际性，即在目前的条件下是否可行、可操作
T（Time-based）	时限性，目标应在一定的时间条件限制内

四、设计项目

1. 概念界定

设计项目（Design Training Process）是指根据需求和目标共识，匹配相关的学习资源和转化技术，设计完整的学习体验。

2. 价值意义

有效的资源匹配，可实现在有限的资源条件下的培训效果最大化。

3. 实现方法

最基础的是课程、师资和学习活动的匹配，转化技术则根据不同的学习项目各有侧重，具体将在分类介绍中展开。

五、改进驱动

1. 概念界定

改进驱动（Improve Training Effectiveness）是指项目方案设计者需要深入到项目执行端对项目落地效果予以跟踪、把控及优化反馈，并在此基础上对项目设计经验进行总结建议。

2. 价值意义

一方面可以对当下的项目进行把控，避免出现偏差，保证培训质量；另一方面为下次同类项目提供优化参考。

3. 实现方法

根据培养实施计划（详见附件十六：培养实施规划表），明确项目执行各阶段的工作内容、时间节点、成果产出、相关方分工以及潜在风险点等，对项目执行过程进行持续跟进，并通过阶段性复盘的方式进行及时纠偏及经验总结。

培 训 项 目 方 案 设 计

第三章

九类培训项目
方案设计的实操指导

第一节　基于人才发展的认知改变
培训项目设计（TC）

基于人才发展的认知改变培训项目设计是指从员工实际状况出发，分析现有认知情况与理想认知要求之间的差距，即"认知差距"，以形成培训目标和内容的过程，如图 3-1 所示。

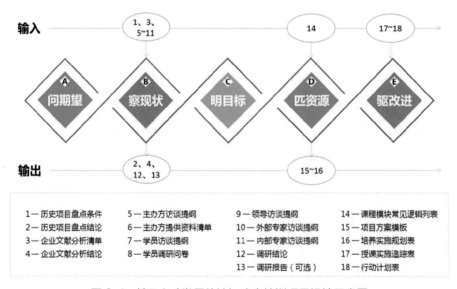

图 3-1　基于人才发展的认知改变培训项目设计示意图

一、确定认知标准——问期望

当组织尚未建立统一的、基于能力素质模型的课程体系或虽已建立，但不能作为唯一的认知标准时，应按照多样化来源的培训要求确定认知标准，包括主办方要求、能力素质模型的课程体系要求、岗位任职资格要求、学员期望等。具体情景可分为两种：

1. 取交集（∩）

主办方需求明确，规划时间都用于具体需求的培训。此时其他输入成为主办方需求的整合对象，在撰写培训方案的背景分析时，其他输入与主办方需求一致的内容，成为主办方举办此次培训的支撑材料。

2. 取并集（∪）

培训规划时间的一部分，主办方有明确需求，而另一部分，希望培训机构予以设计建议。此种情况，在主办方需求的基础上，考虑其他输入要求，并要与主办方的需求具有逻辑联系。

当组织已建立统一的基于能力素质模型的课程体系，并可作为唯一的认知标准时，直接采用基于能力素质模型的课程体系作为认知标准。

二、现状调查分析——察现状

1. 调查对象及内容

（1）主办方：培训对象及基本情况（层级、岗位、年龄、文化程度、专业背景、本岗位工作年限）、面临问题、培训预算、培训目标、考核方式等。

（2）目标学员／学员领导：基本情况（层级、岗位、年龄、文化程度、本岗位工作年限）、人员能力要求、面临问题、过往培训经历（培训内容、培训形式、培训师资、满意度等）、培训期望与建议（培训内容、培训形式、培训时间、师资）等。

（3）专家：专业学习框架、可用课程资源及适用对象等。

（4）数字化信息库：过往培训项目、培训对象、培训课程（师资、时长、满意度、方式）、学员（基本情况、查重）、历史学员建议等（详见附件一：历史项目盘点条件）。

（5）所在单位：组织架构、人才培养规划、岗位任职要求等。

2. 调查方式

（1）问卷调研。

问卷一般用于对目标学员的基本信息和培训需求等通用型问题调研，见表3-1（详见附件八：学员调研问卷模板）。

表 3-1　　　　　　　　调研问卷模块（结构）说明

问卷设计结构说明		
序号	模块	调查内容
1	基本信息（单选）	层级、岗位、年龄、文化程度、专业背景、本岗位工作年限
2	培训需求调查	培训内容、过往培训、培训方式、培训时间、培训频率、师资
3	培训期望调查（开放题）	培训期望、培训建议

（2）访谈调研。

访谈是适用范围最广、最灵活的调研方式，主办方、学员、学员领导和专家都可以通过访谈来进行访谈调研（详见附件五：主办方访谈提纲，附件七：学员访谈提纲，附件九：领导访谈提纲，附件十：外部专家访谈提纲，附件十一：内部专家访谈提纲）。访谈相较于问卷而言，由于具备更为深入的人际互动特点，因此更适宜开放性收集意见。

（3）资料阅研。

通过单位网站、数字化信息库和相关信息检索渠道获取主办方项目相关资料（详见附件三：企业文献资料分析清单），了解培训项目大背景，加深对项目定位的理解。此外，还可通过向主办方提供项目资料需求清单（详见附件六：主办方提供资料清单）的方式，索取项目直接相关资料，为项目思路梳理奠定翔实的阅研基础。

（4）专项测验。

通过实战模拟、知识测验等方式按照相应认知标准考察学员现有知识、技能和态度认知水平。

3. 调研内容对方案设计的影响

（1）基本信息。

1）层级：同样的学习主题，不同层级人员对于知识的高度要求不同。如战略主题，高管侧重的是战略眼光和制定；中层管理者侧重的是战略分解；基层则侧重于战略执行。

2）岗位：同样的学习主题，专业岗位和非专业岗位的内容深度要求不同。如人力资源管理，非人力资源管理者只需要了解基础的知识，而人力资源部的员工需要系统深入学习人力资源管理的各种内容。

3）年龄：不同年龄层学员喜好的学习方式不同，年轻学员对于新事物的接受能力比较强，偏好互联网、游戏化的学习方式，而中年学员偏好于研讨式学习，见表3-2。

表 3-2　　　　　　　　　　年龄与学习偏好

序号	年龄层	学习偏好
1	第二次世界大战后出生的婴儿潮一代（出生于 1945—1965 年）	√ 让他们知道不同 √ 关注未来和挑战 √ 给予选择的权利 √ 允许他们自主学习 √ 努力建立学习的一致

序号	年龄层	学习偏好
2	× 一代 （出生于 1965—1980 年）	√ 定期分享信息 √ 直截了当，但不要一板一眼 √ 允许灵活性
3	千禧年一代 （出生于 1980—2000 年）	√ 提供清晰的指令，分享一切信息 √ 讨论结果 √ 使用幽默 √ 寻求和提供定期的反馈 √ 使用行动语句，尽量利用各种机会挑战他们

4）文化程度：学员的文化程度会影响他们对培训内容的接收程度，相对而言，针对文化程度较低的学员，培训设计需要直接、简单，偏重于做；针对文化程度较高的学员，培训设计可以稍微复杂，引导他们通过思考获取知识。

5）专业背景：专业背景与岗位相符的学员，一般不需要再安排专业基础课程，而专业背景与岗位不符的学员，需要安排一定的专业基础课程。

6）本岗位工作年限：在相关岗位的年限决定了员工的工作成熟度，如同样是部门经理的课程，新任和成熟的部门经理所需的课程也不同，后者更高阶。

（2）认知现状。

学员在工作中存在认知挑战的方面，就是需要解决的"认知差距"，是培训主题选择的参考依据。

（3）培训历史。

对过往培训的调研，可以帮助方案设计者了解目标学员的培训程度和主办方习惯的培训风格、培训方式等。在内容方面，原则上已经培训过的内容不再次培训。在时间、方式、频次、师资等方面，充分尊重主办方和目标学员的意见，并以主办方意见为主。另外，学员参加过的一些比较印象深刻的培训项目，也可以为培训设计提供参考，如培训的形式。

（4）培训期望和建议。

被访者的培训期望（以主办方为主，学员的期望采取少数服从多数的原则），是培训目标的数据来源。培训建议则常常是引导被调查（访谈）者主动思考，站在另一个角度，提供思路补充，可以帮助方案设计者避开一些项目设计的风险点或者抓住关键点。

（5）专家建议。

就如何解决认知差距，专家可以提供解决思路，是课程和师资筛选的意见来源。

（6）数字化信息库。

盘点相关主题、人群、企业在本培训机构的过往培训经历：对于同一主题或同类人群，过往项目可以成为项目设计的课程和师资参考来源，课程满意率决定了是否采纳，过往学员心得为项目的优化提供参考建议；对于同一企业的不同人群，与主题相符且满意率高的课程可予以采纳；对于同一企业的同一人群，已经培训过的课程要去重。

4. 影响因素排序

将众多影响因素按照结果影响的类型进行归纳，根据与主办方沟通情况及过往经验，进行重要性判断和排序。

5. 撰写调研分析报告

在对调研的内容及其对设计的影响盘点后，可出具调研报告，或直接将调研主要情况写到培训项目方案的培训需求分析部分，帮助设计者分析重点影响因素，有载体与主办方达成意见共识，进而出具培训方案。

调研报告一般包括以下六个方面的内容：

（1）报告提要，即对报告要点的概括。

（2）需求调研的实施背景。

（3）开展需求调研的目的和性质。

（4）概述需求调研实施的方法和流程。

（5）得出调研分析结论（详见附件十二：调研结论）。

（6）附录，包括收集和分析信息时用的相关图表、原始材料等，其目的在于鉴定收集和分析相关资料及信息所采用的方法是否合理和科学。

三、界定项目目标——明目标

经过需求探寻的培训范围圈定和现状诊断的影响因素筛选，精准定位此次培训的类型以及要解决的需求问题和达到的效果程度。项目目标主体是人才，目标程度为知识技能认知与态度的感知。行为动词参照见表3-3。

表3-3　　　　　认知层目标行为动词选词表

目标分类		学习水平		水 平 描 述	行 为 动 词
		陈述性水平	程序性水平		
结果性目标	知识	了解	—	包括再认或回忆知识、识别、辨认事实或证据，举出例子，描述对象的基本特征等	说出、背诵、辨认、复述、描述、识别、再认、列举等
		—	理解	包括把握内在逻辑关系，与已有知识建立联系，进行解释、推断、区别、扩展、提供证据，收集、整理信息等	解释、说明、阐明、比较、分类、归纳、概括、概述、区别、提供、预测、推断、检索、整理等

续表

目标分类		学习水平		水 平 描 述	行 为 动 词
		陈述性 水平	程序性 水平		
结果性 目标	技能	模仿	—	包括在原形示范和指导下完成操作，对所提供的对象进行模拟、修改等	模拟、再现、例证、临摹、类推、编写等
体验性 目标	情感态度	感受	—	包括独立从事或合作参与相关活动，建立感性认知等	经历、感受、参加、参与、尝试、寻找、讨论、交流、分享、参观、访问、考察、接触、体验等
		—	认同	包括在经历基础上表达感受、态度和价值判断，作出相应的反应等	遵守、拒绝、认同、接受、同意、反对、愿意、喜欢、讨厌、感兴趣、关心、关注、重视、采用、支持、尊重、爱护、怀疑、摈弃、抵制、克服、拥护等

四、培训内容设计——匹资源

1. 明晰关键要素

在调研阶段，要充分挖掘主办方的需求点，抓住影响课程和师资匹配的关键点，如课程主题、目标学员层级和岗位、师资偏好等，课程主题是核心要素，除此之外，经主办方确认的重要因素设置为必选项，其他为可选项，以便出现按全条件筛选后无合适课程师资的情况下，适当放宽筛选条件。

2. 匹配课程及师资

通过课程主题等必选项，筛选确定备选课程，如果筛选出的课程数量过多或过少，则可适当放宽或者增加筛选条件，进行二次筛选。

与之相对应的，每一门课都会有多个标签，便于设计者进行筛选。如果两位讲师条件相似而各有侧重，可以将其中一位作为备选。

按照一定的逻辑关系和学习要求，对各门课程及相应师资进行排序，形成排课表。排序采取"明暗双线并行"的工作逻辑。

明线：各课程主题的内在逻辑关系。可参考能力模型要求，如新任管理者需要先进行角色认知，然后进行团队管理、沟通提升等；同一主题下的多门课程，可根据能力的由浅到深进行排序，如"公司发展战略"主题，先学习公司的重要文件指示，然后学习在这一指导思想下，需要做什么。

暗线：讲师的授课水平与效果。一般采取循序渐进式或者起伏波动式。循序渐进式要求所有讲师的授课水平都不错，给学员以越来越精彩的学习体验；起伏波动式可以将精彩课程与效果平平的课程穿插进行，但第一门和最后一门课程必须精彩。不论哪种安排形式，都需要注意最后一门的"陷阱"，即前面的学习体验都很好，最后一门比较差，可能会让整个项目功亏一篑。

除此之外，还有其他参考因素，如：

（1）重要—紧急原则：与主办方沟通时，要明确各学习主题的重要—紧急程度，优先重要且紧急的主题，其次是重要不紧急的主题，再次是紧急不重要的主题，最后是不重要且不紧急的主题。

（2）讲师的时间安排：讲师的时间安排会对学习项目排课顺序形成影响，需要根据实际情况进行调整，甚至在某种极端的情况下，课程的先后顺序完全是由各讲师的时间决定的。

（3）讲师的相互匹配：原则上，讲授方式、讲师风格相同或者相似的课程不要排在一起。同时，避免面对学员时讲师彼此之间的负面评论。

（4）劳逸结合原则：比较枯燥、艰涩的课程内容与比较轻松活泼的课程或学习活动要穿插进行，让学员劳逸结合，保持学习兴趣。

3.匹配教辅活动

教辅活动（见表3-4）的设计一般有四种目的：一是问题分析与解决，产出成果，多采用研讨式学习活动；二是经验萃取和分享交流，多采用分享式学习活动；三是激发竞争意识，可采用辩论赛、知识PK赛等竞争式学习活动；四是拓宽视野，休闲解压，可采用茶道、书法鉴赏等休闲学习活动。除此之外，学员的层级对学习活动的选择也有一定影响，如看电影学管理只适合管理者，不适合普通员工。

表3-4　　　　　　常见教辅活动分类列表

活动形式	活动内容
研讨类	欣赏式探询、智慧转盘、世界咖啡、团队列名、……
分享类	拆书帮、成长风向标、案例分享会、跨界学习、……
竞赛类	答题王争夺赛、辩论比赛、演讲比赛、一站到底、……
休闲类	团队拓展、茶道、书法鉴赏、音乐鉴赏、体育活动、……

4.设计学习转化活动

基于认知的人才发展项目一般可采用"行动计划法"促进学习成果转化，即在课后组织学员围绕某一课程的知识点，联系工作实际制订应用计划，明确自身学到的知识点、工作应用场景以及应用时间节点、所需资源以及考查人等。（详见附件十八：行动计划表），促进学员应用培训所学。

5.设计学习评估活动

实施认知测试，即通过考试测验的方式来考查学员对知识、技能的掌握程度和态度认知水平。

（1）测试的形式。

1）纸质测试：常用于集中培训阶段的后期。学员集中，便于组织，完成率高，但后期的阅卷和成绩录入等需要人工完成，成本最高。

2）在线学习平台测试：将电子版的题目放入在线学习平台，学员在规定时间内登录平台完成，可以在课程结束后马上进行，也可以回到工作岗位进行，系统可以直接出成绩。缺点是如果是回到岗位完成，完成率不如纸质测试，而且受设备的制约。如果企业有在线学习平台的移动 App，则效果更佳。

3）问卷网移动端测试：将电子版考题直接导入到问卷网，形成答题链接，可以电脑作答也可以手机作答，比较方便，同时答题完毕后可以马上出成绩，系统也能进行详细的数据统计。缺点是问卷网是一个相对开放的平台，学员如果把链接发给其他人，则有企业内部资料外泄的弊端。

4）实战模拟：通过模拟实际工作场景及任务执行等方式按照技能态度标准考查学员现有知识、技能掌握程度和态度认知水平。

（2）测试的题型。

基础知识一般采取选择题、填空题、判断题、连线题和实操题等方式进行考查。前四类题型都属于客观题，形态短小精悍，考查目标集中，答案简短、明确、具体，不必填写解答过程，评分客观、公正、准确。技能和态度水平一般采取实操题考查，符合标准要求即可。

1）选择题：最简单的考查方式。单项选择题的选项除了正确答案还有干扰项，多用于考查数个相似概念的辨析；多项选择题多用于某一概念的几个要素的考查。选择题一般是测试中比重最多的题型。

2）填空题：没有备选项，解答时既有不受诱误的干扰的好处，又有缺乏提示的帮助之不足，对学员独立思考和求解的能力要求会高一些。在问卷设计中不宜过多，否则会挫伤学员的学习积极性。

3）判断题：可以看作是只有两个选项的选择题，多用于是非的辨析。也可在是非判断的基础上，增加考查难度，即要求学员指出错误点，并说明原因，主要考查学员的深入思考过程。难度介于选择题和填空题之间。

4）连线题：多用于一个系列内容的考查，各问题之间具有一定的内在逻辑，类似于加强版的选择题，区别是：每做完一道，选项的范围就相应缩小，而且题目之间一般有提示作用。当然，右侧待连线的选择项可以比左侧的题目多。

5）实操题：在真实情境或模拟测试情境中，给出操作或态度判断问题，供学员做出选择、判断或动作，考查动作的标准、规范性，以及态度的端正与否。

6. 设计项目逻辑

围绕项目目标，界定课程、师资、教辅活动、学习评估活动后，按照流程关系、并列关系以及逻辑关系三个维度，统合项目主体内容要素，以学员喜闻乐见、耳熟能详的经典结构及名称设计项目呈现逻辑，如"自我管理—业务管理—团队管理"等（详见附件十四：课程模块常见逻辑参考）。

7. 撰写项目方案

基于认知的人才发展项目方案中应至少包括项目背景、项目目标、项目思路以及课程、师资简介等内容，详见项目方案模板（详见附件十五：项目方案模板）。其中，项目目标一般有两种呈现方式：一是按照培训目标的层层推进，明确培训项目将解决的认知差距，以个人、团队、组织为切入点，分别带来的积极影响；二是按照成果和效果并列呈现，明确此次培训要实现的有形成果和无形成果。

五、跟踪反馈评估——驱改进

对培训实施的过程进行跟踪与及时的反馈调整，并填写授课实施跟踪表（详见附件十七：授课实施追踪表），提交系统存档。

使用说明：此类项目方案设计适用于各个层级人群知识技能态度认知短板补足的培训项目。

第二节　基于人才发展的行为改善培训项目设计（TA）

基于人才发展的行为改善培训项目设计是指从员工素质要求出发，搭建素质能力模型，通过能力测评和调研分析，发现员工的"行为差距"，针对匹配学习资源及转化技术的过程，如图 3-2 所示。

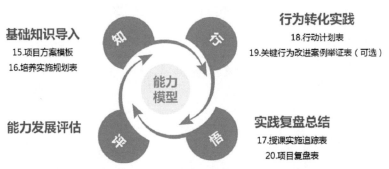

图 3-2　基于人才发展的行为改善培训项目设计示意图

一、能力模型构建

企业能力模型包括三个层次：领导力模型，专业力模型以及核心素质模型。就培训应用而言，领导力模型较为常见的构建方法是战略文化演绎法，即基于通用的领导力素质词典库，结合主办方企业战略、文化特色，分析组织对管理人员的领导力要求；专业力模型通常会基于任务分析法构建，即通过分解、分析主办方岗位序列或岗位本身所应完成的关键任务，解读为达成任务而应具备的专业知识、技能、方法、工具等；而核心素质模型常用文化推导法，即解读企业文化价值观、经营理念、服务理念、用人理念等核心要素，推导对全员的核心能力要求。

二、训前能力测评

能力素质测评是人才资源开发与员工培训的依据。对员工能力素质进行测评，就能发现其欠缺的能力素质，从而进行有针对性的培训；同时发现其某一方面的潜能，给予肯定和晋升。能力素质测评能够有效识别员工的能力现状，包含能力优势和能力差距等，帮助设计者明确培训的重点。常用的素质能力测评方法包括：

1. 能力倾向测验

能力倾向测验是对人的不同能力因素水平和将来从事某种专业或工种活动能力的测验。它包括社会智能倾向测验、特殊能力测验以及创造力测验等。能力倾向测验是为了判定一个人能力倾向的有无和程度。因此，标准化的能力倾向测验，具有两种功能：一是判断一个人具有什么样的能力优势，即所谓的诊断功能；二是测定在所从事的工作中，成功和适应的可能性，包括发展的潜能，即所谓的预测功能。

2. 心理测验

心理测验是能够对人的智力、潜能、气质、性格、态度、兴趣等心理素质进行有效测度的标准化的测量工具，优点是简便易行、程序规范、结果客观。心理测验一般由测验材料（文字题目、图画、操作工具等）、常模（即解释测验分数的标准）和测验指导书等组成。测验指导书是有关测验目的、内容、方式方法、施测程序、评分标准和方法、信效度资料以及常模和测验结果的解释标准等说明性的用户手册，对心理测验的应用来讲是非常关键的。

3. 情景判断测验

情景判断测验（简称 SJT）是一种有效的人才测评方法，它通过向被试者描绘出与工作相关的问题情境，让被试者评价或选择与该问题相关的系列反应，从而判断被试者是否具备该工作所要求的胜任特征。具体来说，情景判断测验就是设置一个实际工作的问题情景，并提出几个解决这一情景条件下具体问题的可能反应选项，令被试者针对这些行为反应选项进行判断、评价与选择，选出最有效（最无效）或被试者最愿采取（最不愿采取）的行为反应，或对每一行为反应在有效（无效）、最愿（最不愿）的等级量表上评定等级，然后根据被试者的判断、评价与选择的作答表现进行打分，并推论其在实际的工作中解决问题的实践能力水平。

4. 投射测验

投射测验是指采用某种方法绕过受访者的心理防御，在他们不防备的情况下探测其真实想法。在投射测验中，给被试者一系列的模糊刺激，要求对这些模糊刺激做出反应。如抽象模式，可以做多种解释的未完成图片、绘画。分别要求被试者叙述模式，完成图片或讲述画中的内容。从被试者的解释会带有自己潜意识的思想，来达到探测其真实想法的目的。这种方式能在一定程度上了解被试者内心想法。

5. 案例分析

案例分析测试是向被试者提供一段背景资料，然后提出问题，在问题中要求被试者阅读分析给定的资料，依据一定的理论知识，或做出决策，或做出评价，或提出具体的解决问题的方法或意见等。案例分析题属于综合性较强的题目类型，考查的是高层次的认知目标。它不仅能考查被试者了解知识的程度，而且能考查被试者理解、运用知识的能力，更重要的是它能考查被试者综合、分析、评价方面的能力。

6. 无领导讨论

无领导小组讨论（Leaderless Group Discussion）是评价中心技术中经常使用的一种测评技术，采用情景模拟的方式对被试者进行集体面试。8~10名被试者组成一组，进行1小时左右时间的与工作有关问题的讨论，讨论过程中不指定领导和座位，让被试者自行安排组织，评价者来观测被试者的组织协调能力、口头表达能力，辩论的说服能力等各方面的能力和素质是否达到拟任岗位的要求，以及自信程度、进取心、情绪稳定性、反应灵活性等个性特点是否符合拟任岗位的团体气氛，由此来综合评价被试者之间的差别。

7. BEI行为面试

行为事件访谈法（Behavioral Event Interview，BEI）采用开放式的行为回顾式探察技术，通过让被访谈者找出和描述他们在工作中最成功和最不成功的三件事，然后详细地报告当时发生了什么。具体包括：这个情境是怎样引起的？牵涉哪些人？被访谈者当时是怎么想的，感觉如何？在当时的情境中想完成什么，实际上又做了些什么？结果如何？然后，对访谈内容进行内容分析，来确定访谈者所表现出来的胜任特征。

8.素质问卷评估

素质评估问卷通常由围绕能表现出特定素质的关键行为描述构成，评价人在评价对象的这些行为表现上进行打分或选择符合程度。问卷回收后，对数据进行量化分析处理。调查问卷的来源可以是企业根据岗位要求、企业文化价值观自定义设计，也可以直接购买成熟、且被大量使用的专业化问卷，比如领导力测评、管理人员胜任素质评估问卷。

一般而言，能力评价针对每项能力应匹配两种测评方式，以便结果相互验证，保证测评的信效度。另外，不同的能力素质适用何种测评方式，也有约定俗成的规则。表3–5为能力测试偏好。

表3–5　　　　　　　　能力测试偏好

项目名称	能力倾向测验	心理测验	情景判断测验	投射测验	案例分析	无领导讨论	BEI行为面试	素质问卷评估
影响能力		√	√			√	√	√
成就动机		√	√	√			√	√
坚持不懈		√	√				√	√
客户导向					√		√	√
人际交往		√					√	√
自信心							√	√
分析式思维	√				√	√	√	√

三、培训目标界定

根据现状调研，可明确项目目标主体是人才，目标程度为行为转变。行为动词参照表3–6。

表 3-6　　　　　　行为层目标行为动词选词表

目标分类		学习水平		水 平 描 述	行 为 动 词
		程序性水平	迁移性水平		
结果性目标	知识	—	应用	包括在新的情境中使用抽象的概念、原则，进行总结、推广，建立不同情境下的合理联系等	设计、质疑、撰写、解决、检验、计划、总结、推广、证明等
	技能	独立操作	—	包括独立完成操作，进行调整与改进、尝试与已有技能建立联系等	完成、制定、解决、拟定、安装、绘制、测量、尝试、试验等
		—	迁移	包括在新的情境下运用已有技能，理解同一技能在不同情况中适用性等	联系、转换、举一反三、触类旁通、灵活运用等
体验性目标	情感态度	—	内化	包括具有相对稳定的态度，表现出持续的行为，具有个性化的价值观等	形成、养成、具有、热爱、树立、建立、坚持、保持、确立、追求等

四、行动学习设计

行动学习培训项目是指依托行动学习技术开展培训，让学员在实践的过程中实现能力的提升和行为的改变。

1. 行动学习设计思考前提

（1）高层支持。

如果组织期望得到有力的、见效快的策略，那么需要承诺提供大量的时间、金钱和资源。最高领导层需要决定行动学习团队的参加人员，并与团队成员的上级达成一致，处理好行动学习团队成员的工作负担和缺席情况，并能够推动行动学习项目的执行和落地。

（2）价值创造。

除了为紧要问题制定策略，行动学习还能够为组织创造哪些价值？行动学习可以用来发展整个组织或某一特定部门的领导能力，可以用来建立高效的团队并适当地改变组织文化。例如 IBM 公司利用行动学习"打破资源地窖"，创造出一种分享和学习型的公司文化。波音公司利用行动学习开发那些有潜力的领导者。

（3）辅导促动。

成功的行动学习项目的一个重要因素是经验丰富的行动学习团队催化师的存在。催化师可以是来自组织内部，或者雇佣组织外部专家。建议选择那些熟悉解决问题相关技能的人员。通常问题提出者不承担催化师职责，因为他不可能负责行动和学习的双重事务。

（4）时间条件。

行动学习项目能否在时间很紧的情况下或在其他时间段内执行？根据问题的紧急程度和小组成员的参与情况，行动学习项目的长度能够灵活变化，从几个小时到几个月都可以安排。在环境和条件适合、人员集中的情况下，行动学习项目可以在 2 天或更多天数内完成。高密度执行项目的好处是力量和精力保持的比较好，能迅速地得出结果和采取行动。

（5）成员配合。

小组成员何时何地举行会晤？是否所有的会议都是在线的或虚拟的或使用某种链接来完成？确定何时何地举行会晤是非常重要的，这会对行动学习团队的工作质量和速度产生影响。如果行动学习的工作只能在晚上或周末完成，那么工作的积极性和所得成果的质量就会有所减弱。周密的计划和布置好相关事宜和时间是行动学习成功的重要因素。

2. 行动学习方案要素构成

行动学习是一小组人共同解决组织实际存在的问题的过程和方法。它通过一套完善的框架，保证小组成员能够在高效的解决实际存在的问题的过程中实现学习和发展。行动学习的力量来源于小组成员对已有知识和经验的相互质疑和在行动基础上的深刻反思，如图3-3所示。

图3-3　行动学习流程

（1）选择研究课题：行动学习是以问题为载体，来达到促进学习发生的目的，所以，课题是行动学习的核心。在行动学习开展之前，需要先确定研究的课题。

（2）成立学习小组：行动学习小组一般由4~8人组成，要求小组成员背景不同，但对要解决的问题都必须有一定程度的认识，并关注问题的解决。

（3）导入理论工具：由专业讲师以授课的方式，进行行动学习理论、方法、工具的导入，涵盖集体研讨（头脑风暴、团队列名、六顶思考帽等）、问题分析（重要性紧迫性矩阵、鱼骨图、帕累托原则等）、促进执行（PDCA循环、工作结构分解、甘特图等）、评估（T型分析工具、成本收益分析）等方法工具；还可以传授与问题相关的专业知识，帮助学员更为深刻地理解问题内涵，形成专业的解决方案。

（4）研讨制定方案：根据行动学习的问题分析与解决的方法，在促动师的引导和促动下，展开问题讨论，并制定问题解决方案。

（5）实践执行方案：按照解决方案进行行动实践。在这个过程中，小组成员一定要参与实施过程，这样才能进一步对解决方案及问题本身进行反思，学习进一步得到升华。执行过程中的反思是学习发生的最重要的阶段，一定不能忽视这个学习的过程。

（6）总结评估改进：对行动学习实践过程进行复盘总结，明确点赞点和改进点，进行过程和成果汇报，由专家和相关领导组成的评审小组从不同角度给予点评。

（7）固化分享推广：最终成果以条例、意见、方案、章程、规划、建议和可行性报告等形式得以固化，并运用于实践或在更广泛范围推广、分享，并在实践中不断反思修正。

3. 行动学习设计工具指导

（1）课题的选择。

选择研究课题时，可采取"自上而下"或"自下而上"两种方式（见图3-4和图3-5），无论是哪一种选题流程，最终都需要由公司的高层审定。因为高层的支持是行动学习项目成功的重要保证。

图 3-4 自上而下选题流程   图 3-5 自下而上选题流程

在"自上而下"的方式中，前两步可以二选一或者同步进行；在"自下而上"的方式中，第二步是第一步的有效补充。

选出的众多课题需要进行一定的评估，可从可控性、重要性、支持度、参与度、创造性、学习机会等方面着手，见表 3-7 和表 3-8。

表 3-7   选题标准参考

标准	问题	参 考 内 容
可控性	关键问题	在组织的一致努力下，这个问题能对组织的改善起推动作用吗？
	正面标准	问题与公司事务或业务紧密相关，并且是公司用得到、可控制的范围，或者是有助于改善公司和部门的业务
	负面标准	问题或解决方案，不在公司能够控制和实施的范围内（法律、政治、技术），或解决方案无助于为推动公司、部门事务或者业务的改善
重要性	关键问题	组织能承担起为解决问题而投入的时间、金钱和人力吗？
	正面标准	待解决的问题是值得投入时间的，组织愿意为此投入金钱和人力，并且解决方案也应该是需要组织投入时间、金钱去实施的

标准	问题	参 考 内 容
重要性	负面标准	问题本身不值得花费时间和努力去解决的简单（解决过程简单），并且解决后，也不需要组织花金钱、时间和人力去实施的简单方案（解决方案简单）
支持度	关键问题	这个问题能够获得这些部门（团队）的关注和支持吗？
	正面标准	团队成员关注、成员的上级主管关注、问题的所属部门关注、上级领导支持
	负面标准	行动学习得不到关键人员的参与（专业人员、上级主管）和支持（公司领导、专业促动师）
参与度	关键问题	对于问题，组织内存在专家意见吗？能把它找出来并用于这个问题吗？
	正面标准	团队成员具备调查研究问题所必备的知识、技能和态度，从而能够查明问题产生的原因、开发和执行制订的解决方案，并最终评估工作的结果
	负面标准	成员不具备必要的知识，或者不能相对容易地获得所需知识，而组织内也没有人拥有该知识，或者拥有知识的人不能被安排到小组中时
创造性	关键问题	行动学习团队成员能相对自主地分析问题的起因、使用具有创意的解决方法、试验解决方法，并评估结果吗？
	正面标准	公司或部门管理人员已决定并愿意，授权允许行动学习团队去解决问题
	负面标准	公司或部门管理人员认为该问题已经有解决办法，或者是确定某个组织要去解决这个问题
学习机会	关键问题	解决问题时大家所做的这些努力，会提升团队成员未来职业发展所需的能力吗？
	正面标准	让学员从中学到新知识、新技术、新业务，或者对于老知识、业务能够加深应用
	负面标准	所选题目无法为团队成员创造学习机会时，或者学习机会与问题解决价值都不高

表 3-8 选题评估表

序 号	标 准	符 合 程 度				
		5分	4分	3分	2分	1分
1	可控性					
2	重要性					
3	支持度					
4	参与度					
5	创造性					
6	学习机会					
备注	5分：非常符合、4分：比较符合、3分：基本符合、2分：基本不符合、1分：完全不符合					
	好的行动学习的选题，平均得分应不低于4分，单项得分均应不低于3分					

（2）小组的成立。

合格的小组成员平均得分不能低于 4 分，单项得分低于 3 分的不能超过三项，见表 3-9 和表 3-10。

表 3-9 小组成员资质评估工具

序号	准 则	符合程度				
		5	4	3	2	1
1	关注行动学习的问题并对解决问题做出承诺					
2	对问题有一定的认识和理解，对解决问题有一定贡献					

续表

序号	准　则	符合程度				
		5	4	3	2	1
3	落实行动学习方案的能力和决心					
4	个人学习与发展以及帮助他人学习与发展的强烈愿望					
5	具备倾听和反思能力、自我质疑和质疑他人的能力					
6	心态开放、有向小组其他成员学习的愿望					
7	花时间参加行动学习对日常工作影响不大					

表 3-10　　　　　小组构成多样性评估工具

序号	准　则	符合程度				
		5	4	3	2	1
1	专业背景的多样性：小组要包括解决问题所需要的不同专业背景的成员					
2	行动学习风格的多样性：实干、反思、创新、理论各类风格的成员要有合适的搭配					
3	组织来源的多样性：尽可能从不同部门抽调人员参与，有必要还可以从组织外部选择个别成员					
4	社会属性的多样性：小组成员在性别和年龄方面也要有合适的搭配					

最后选定的行动学习小组平均得分要超过 4 分，单项得分应不低于 3 分。

五、跟踪反馈与效果评估

1. 项目跟踪

与基于认知的人才发展项目相比，基于行为的人才发展项目的跟踪驱动与设计、执行密不可分，主要涉及以下几方面：

（1）发起项目。

主要工作包括前期调研、深度访谈、建立行动学习小组等工作的执行或参与，如通过深度访谈明确组织的关键目标和实现此目标的关键难题，并根据此难题确定此次行动学习项目的课题、目标和参与者（人数、具体人员）、地域、团队组成形式、相应的配套奖惩机制等。

（2）项目启动。

项目启动一般指的是第一次集中的这段时间，可以进行面授课程或主题研讨，其目的是通过一套科学与艺术结合、感性与理性兼具的会议流程唤起团队的积极情绪和内生智慧，达成高度共识和承诺，形成可执行和符合 SMART 原则的计划并向领导汇报，使其予以决策。

（3）理论讲授。

行动学习理论的导入和专业知识的面授课程可参考基于人才发展的认知改变培训项目的跟进方式。

（4）跟进复盘。

行动学习项目一般持续的时间比较长，需要在过程中予以跟进及辅导，通常以复盘会议、集中辅导、分散式辅导或进行。复盘会议的安排是：根据项目复盘表（详见附件二十）跟进检查进度，通过持续的复盘会议引起团队的质疑与反思，促进学员成长和项目的推进。辅导工作的安排是：通过解决问题工作坊帮助学员把过程中学习到的技能运用到项目中去解决实际问题并融会贯通。

（5）项目总结。

行动学习项目最后需要进行总结汇报，时间一般为 0.5 ~ 1 天，这是最后的成果验收会，也是最好的时间管理、团队建设和企业文化建设的机会与仪式。

以上"过程动作"不是规定动作，也没有标准要求，在设计时，需要项目设计者根据具体的项目需求予以考量。

2. 能力后测

一般来说，训后能力测评与训前能力测评的内容基本一致，包括个人测评及团体测评，但形式上会有所变化，如训前能力测评采取的是素质问卷评估和无领导小组讨论，在训后能力测评中，可以用情景判断测验代替无领导小组讨论，在保留测试内容的同时，降低了测评的实施难度，学员回岗后也可进行。训后能力测评及解读，一方面要帮助企业判断培训项目的效果与学员的改变，另一方面，也是企业人才盘点的重要依据，能够帮助企业管理者辨识人才，全方位评价各级人才，让高潜人才浮出水面，明确个人的发展优势与能力短板，明晰今后的培养以及职业规划的设计，提供后续发展建议，并使团队组合达到最优。

使用说明：此类项目方案设计适用于"知识和能力短板补足""发展符合能力要求的行为""分析解决工作难题"等需求的培训项目。在设计时应注意，首先，用于培养的能力标准建立不宜过于复杂，否则项目时间与预算可能难以保障；其次，能力测评方法应与能力标准匹配；最后，行动学习项目通常需要 3 ~ 6 个月的落地时间，在设计时要考虑能否满足。

第三节　基于人才发展的绩效改进培训项目设计（TP）

基于人才发展的绩效改进培训项目设计是指在明确岗位绩效标准的基础上，排除外部影响因素，分析目标岗位绩优人员与一般绩效人员的差距（知识、技能、意愿），通过绩效辅导跟进技术设计，实现个人绩效提升的过程，如图 3-6 所示。

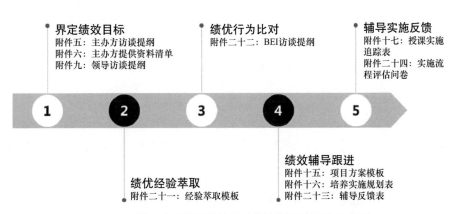

图 3-6　基于人才发展的绩效改进培训项目设计示意图

一、界定绩效目标

通过资料阅研、主办方和学员领导访谈等，明确目标岗位的绩效标准，从而确定企业拟实现的绩效目标。具体来说，主办方提供资料清单（详见附件六）包括：岗位任职资格要求、岗位说明书、岗位绩效考核说明等材料；主办方（详见附件五：主办方访谈提纲）、学员领导访谈（详见附件九：领导访谈提纲）主要涉及岗位任职要求、绩效标准、绩效考核方式、绩优代表等内容。

二、绩优经验萃取

协调主办方根据绩效标准，选出绩优人员，之后要进行二次筛选，要将外部影响因素剔除，也就是在同等政策、市场、经济环境条件下的绩优人员。指导绩优人员填写《经验萃取模板》（详见附件二十一），萃取绩优人员的最佳实践经验，从中提炼实现绩优的话术、技巧、流程与思路，形成工作指导手册。

三、绩优行为比对

通过岗位观察和 BEI 访谈形式，优化最佳实践经验，分析绩效差距（知识、技能、意愿）。

1. 调研访谈

（1）岗位观察：通过到工作现场，观察员工的工作表现，发现问题，获取信息数据。运用观察法的第一步是要明确所需要的信息，然后确定观察对象。观察法最大的一个缺陷是，当被观察者意识到自己正在被观察时，他们的一举一动可能与平时不同，这就会使观察结果产生偏差。因此观察时应该尽量隐蔽并进行多次观察，这样有助于提高观察结果的准确性。

（2）BEI 访谈：根据绩优标准与实际考核结果，甄选绩优人员（3~6 名）和绩效一般人员（2~3 名），根据 STAR 原则予以提问引导，使之回忆并陈述完整的事件，详细描述工作过程中的细节，包括情境的描述、参与者、实际行为、个人感受和结果等内容。

2. 总结分析

对调研访谈的内容进行总结描述，见表 3-11。

表 3-11 调研访谈内容说明

调研内容	内容说明
职位及岗位职责描述	被访者的姓名、职务、工作职责
行为事件描述	两类人员在典型情境中的行为、结果、感受、动机和人际关系处理等
任职者素质	任职者应具备的素质及实例
总结和分析	相比绩优人员，绩效一般人员存在的知识、技能、意愿差距

3. 界定目标

项目目标主体是人才，目标是使学员向绩优人员的认知、行为和绩效靠拢。所以此类项目目标的构成应该包含两部分，一是学员在认知、行为层的改变，二是有一定的量化指标成为绩效考核标准。目标构成的行为动词见表 3-12（即认知层和行为层行为动词的合并表）。

表 3-12 目标行为动词选词表

目标分类		学习水平			水平描述	行为动词
		陈述性水平	程序性水平	迁移性水平		
结果性目标	知识	了解	—	—	包括再认成回忆知识、识别、辨认事实或证据，举出例子，描述对象的基本特征等	说出、背诵、辨认、复述、描述、识别、再认、列举等
		—	理解	—	包括把握内在逻辑关系，与已有知识建立联系，进行解释、推断、区别、扩展、提供证据、收集、整理信息等	解释、说明、阐明、比较、分类、归纳、概括、概述、区别、提供、预测、推断、检索、整理等

目标分类		学习水平			水平描述	行为动词
		陈述性水平	程序性水平	迁移性水平		
结果性目标	知识	—	—	应用	包括在新的情境中使用抽象的概念、原则、进行总结、推广、建立不同情境下的合理联系等	设计、质疑、撰写、解决、检验、计划、总结、推广、证明等
	技能	模仿	—	—	包括在原形示范和具体指导下完成操作，对所提供的对象进行模拟、修改等	模拟、再现、例证、临摹、类推、编写等
		—	独立操作	—	包括独立完成操作，进行调整与改进、尝试与已有技能建立联系等	完成、制定、解决、拟定、安装、绘制、测量、尝试、试验等
		—	—	迁移	包括在新的情境下运用已有技能，理解同一技能在不同情况中适用性等	联系、转换、举一反三、触类旁通、灵活运用等
体验性目标	情感态度	感受	—	—	包括独立从事或合作参与相关活动，建立感性认知等	经历、感受、参加、参与、尝试、寻找、讨论、交流、合作、分享、参观、访问、考查、接触、体验等
		—	认同	—	包括在经历基础上表达感受，态度和价值判断，作出相应的反应等	遵守、拒绝、认可、认同、承认、接受、同意、反对、愿意、欣赏、称赞、喜欢、讨厌、感兴趣、关心、关注、重视、采用、支持、尊重、爱护、怀疑、摈弃、抵制、克服、拥护等
		—	—	内化	包括具有相对稳定的态度，表现出持续的行为，具有个性化的价值观等	形成、养成、具有、热爱、树立、建立、坚持、保持、确立、追求等

四、绩效辅导跟进

通过培训课程导入、主题活动和实战辅导等方式，促进学员的绩效提升，如图 3-7 所示。

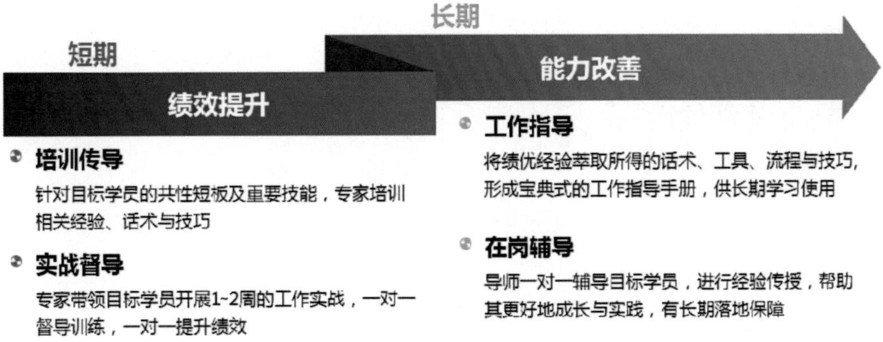

图 3-7　辅导跟进进阶图

1. 培训传导

通过传统培训方式，如面授课程、主题研讨交流等方式，专家把相关经验、话术、技巧传授给学员，以弥补相关差距。课程、师资和主题活动的匹配这里不再赘述。

2. 实战督导

专家直接进驻企业跟班训练，带领目标学员开展 1~2 周的工作实践，针对存在的问题，以情景演练、现场指导、回顾总结等形式进行一对一的针对性现场辅导，从而实现企业规范化生产、管理等的全方位提升。实战督导与在岗辅导中发挥重要作用的角色是讲师或导师，方法论指导基本一致，在内容上略有差异，区别在于实战督导不仅要对具体的工作内容形成指导，还要将行为规范等沉淀下来，形成工作指导手册，指导后续实践。根据实际要求，督导专家有时也需要在部门内部培养内部督导（辅导）人员，帮助企业实现长期的人员能力改善。

培训传导与实战督导可以根据内容穿插进行，即：

假设培训传导用字母 A 代表，实战督导用字母 B 代表，则二者的顺序可以是"A1+A2+B1+B2"或者是"A1+B1+A2+B2"。

3. 工作指导

通过经验萃取技术，总结提炼实战及培训中的话术、工具、流程与技巧，形成宝典式的工作指导手册，指导实际工作。

4. 在岗辅导

部门领导或者导师一对一辅导目标学员，进行经验传授与行为监督，如图3-8所示。

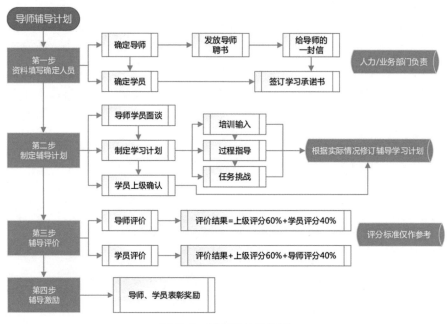

图 3-8 辅导设计示例图

其中，导师过程辅导的理论基础是 OJT（On the Job Training）在岗辅导五步法，见表 3–13。

表 3-13   在岗辅导（OJT）五步法

实施步骤	说明	示范	练习	评估	认可
步骤说明	我说你听	我做你看	你做我看	哪里不对改哪里	适度赞赏

在岗辅导一般与企业的导师制挂钩，在项目设计的过程中要注意：

（1）选择导师。

导师的选择非常重要，导师必须具体较强的业务水平、较高的思想觉悟、能善于做思想工作、能把握大局，同时还要具有带徒弟的意愿和能力。

（2）确定内容。

辅导的工作内容最好能够结构化分解，便于碎片化时间的充分利用；同时，学员的表现可以通过观察、统计等方式进行跟踪；辅导的目标在短期内某种程度上能够予以实现。

（3）验收成果。

通过《辅导反馈表》（详见附件二十三），让导师与学员根据 star 原则，详细反映辅导过程；通过问卷、现场观察统计等方式，验收辅导效果。

（4）辅导跟进。

导师与学员约定辅导计划，包括辅导的内容、目标及时间节点等，导师根据辅导方法预计工作指导、跟进与反馈等。

（5）健全机制。

企业应对导师制的效果进行评估，关注被辅导员工的表现、导师与被辅导者的沟通效果、导师本身的收获等。同时要有相应的激励机制，并将优秀经验予以总结和沉淀，为全企业提供辅导借鉴。

五、辅导实施反馈

基于人才发展的绩效改进培训项目的内容主题是工作辅导，项目四个阶段的推动措施即是项目的跟进措施。培训传导环节的跟进与基于人才发展的认知改变培训项目的方法相同，这里暂不赘述。对于督导和辅导过程的跟进，主要可以通过《实施流程评估问卷》（见附件二十四）或现场观察统计，统计优秀行为频率或确认话术、动作是否到位。

使用说明：此类项目方案设计多用于一线服务、营销类岗位的人员绩效能力提升的培训项目。在设计时应注意，首先，目标人群的绩效行为可观察、易复制；其次，同岗位人员存在绩优者，且其优秀经验可提取、复制；最后，项目落地最好有导师、教练机制的支持。

第四节　基于业务发展的认知改变培训项目设计（BC）

基于业务发展的认知改变培训项目设计是指通过分析完成该项业务所需要的知识、技能和态度，由此确定与业务相关的各项培训内容的过程，如图3-9所示。

图 3-9　基于业务发展的认知改变培训项目设计示意图

一、业务需求推导

在方案设计通用流程模型介绍中，设计者可以通过关键问题分析，初步界定培训的需求是否来源于业务层。在此基础上，基于业务发展的认知改变项目的设计则以金字塔原理的结构化问题分析法为理论依据，进行业务发展的演绎推导。

1. 界定业务要求

在与主办方接洽需求时，要辨析和识别业务发展的需求，发现业务的关键点，以及业务发展关键点对员工的认知要求。

2. 基于业务发展的演绎推导

（1）业务核心萃取。

在与主办方需求接洽的基础上，通过资料搜集解读、信息库数据盘点，对所需培训的业务加深了解，并萃取业务核心内容，总结成为关键词。

（2）业务框架搭建。

将所有关键词进行分类、分层归纳，形成逻辑树，原则是每一层分支都"相互独立，完全穷尽"，然后，以此为线索，进一步找出可能的影响因素（即"关键词"），如图3-10所示。

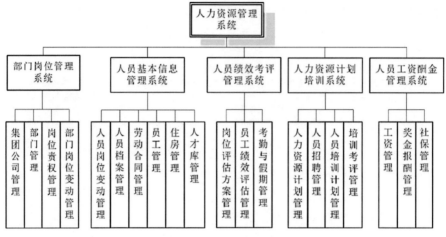

图 3-10　业务分析示例图

（3）业务问题假设。

在众多影响因素中，基于现有信息了解，进行是非问题分析，通过回答"是"或"否"，确认或排除一些因素，形成业务问题假设。

二、现状调查验证

1. 调查对象及内容

（1）主办方：培训对象及基本情况（层级、岗位、年龄、文化程度、专业背景、本岗位工作年限）、业务重点、面临问题、培训预算、培训目标、考核方式……

（2）目标学员/学员（直属或业务条线）领导：基本情况（层级、岗位、年龄、文化程度、专业背景、本岗位工作年限）、业务要求、业务问题、过往培训经历（培训内容、培训形式、培训师资、满意度等）、培训期望与建议（培训内容、培训形式、培训时间、师资）……

（3）专家：业务核心、专业学习框架、可用课程资源及适用对象……

（4）数字化信息库：过往培训项目、培训对象、培训课程（师资、时长、满意度、方式）、学员查重、历史学员建议……

（5）所在单位：业务规划、岗位任职资格说明、业务考核要求、业务考核报表……

2. 调查方式

（1）资料阅研：资料阅研不仅包括调研前期的数字化信息库资料盘点、企业网站及已有的相关文件阅研，还包括调研主办方时补充的材料，如企业业务规划、岗位任职资格说明等。

（2）访谈调研：访谈主办方、学员领导、学员代表、内外部专家等，验证并调整业务框架，修正假设。

（3）问卷调研：在访谈的基础上，展开问卷调研，一是对基础信息和培训需求的补充，二是针对全体学员进行全覆盖的业务培训需求验证，以确保需求假设与需求实际相符。

3. 调研内容对方案设计的影响

虽然项目不同，但是调研的内容如何影响项目设计的逻辑相同，差异仅在于基于业务发展的认知改变培训项目需要对业务信息和业务问题做分类、分层的归纳与验证，就各项信息如何对设计产生影响，本文在基于人才发展的认知改变培训项目设计篇章中已经提过，这里不再赘述。

4. 影响因素排序

将众多影响因素按照结果影响的类型进行归纳，如培训的时间、内容、形式、讲师风格及预算等，设计者可根据与主办方沟通情况及过往经验，进行重要性判断。

5. 撰写调研结论

系统调研结束后，设计者需要对调研的内容作整理与分析，形成调研结论，对存在的问题及解决方案形成判断。根据需要，也可出具调研报告，形式上更规范，背景分析等在最终项目方案撰写时可直接引用。

三、界定项目目标

经过业务分析假设与调研验证，设计者可精准定位此次培训要实现的业务要求，并与主办方就解决形式和效果程度（目标）达成共识。基于业务发展的认知改变培训项目的项目目标主体是业务，目标程度为知识技能认知与态度的感知。目标的行为动词参照"基于人才发展的认知改变培训项目"。

四、学习项目设计

详见基于人才发展的认知改变培训项目"培训内容设计——匹资源"节内容。

五、跟踪反馈评估

详见基于人才发展的认知改变培训项目"跟踪反馈评估——驱改进"节内容。

使用说明：此类项目方案设计多用于新业务知识普及的培训项目。在设计时应注意和基于人才发展的认知改变培训项目设计（TC）的差异，TC 关注的是人本身的能力发展，BC 关注的是业务变化对人造成的影响。

第五节　基于业务发展的行为改善
培训项目设计（BA）

　　基于业务发展的行为改善培训项目设计是指通过分析支撑业务发展的重点工作任务，聚焦任务痛点，通过调研分析，发现员工完成该项业务的"行为差距"，针对匹配学习资源及转化技术的过程。

　　基于业务发展的行为改善培训项目设计的理论（方法论）参考的是"任务导向 O2O 人才培养模式"，如图 3-11 所示。

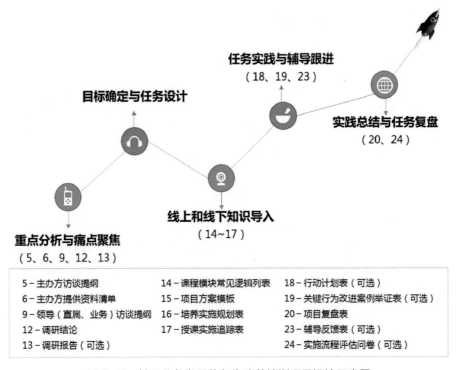

5 - 主办方访谈提纲	14 - 课程模块常见逻辑列表	18 - 行动计划表（可选）
6 - 主办方提供资料清单	15 - 项目方案模板	19 - 关键行为改进案例举证表（可选）
9 - 领导（直属、业务）访谈提纲	16 - 培养实施规划表	20 - 项目复盘表
12 - 调研结论	17 - 授课实施追踪表	23 - 辅导反馈表（可选）
13 - 调研报告（可选）		24 - 实施流程评估问卷（可选）

图 3-11　基于业务发展的行为改善培训项目设计示意图

一、重点分析与痛点聚焦

1. 业务重点分析

通过阅研主办方提供的资料清单（详见附件六：主办方提供资料清单）上的文件、资料，结合主办方调研（详见附件五：主办方访谈提纲）内容，明晰支撑业务发展的重点工作任务。

2. 关键行为聚焦

通过对目标学员和学员领导进行访谈调研（详见附件九：领导访谈提纲），明确业务发展对员工的行为要求。

二、目标确定与任务设计

1. 目标界定

根据调研情况，项目设计者可以明确项目目标主体是业务，目标程度是基于业务发展的行为转变。行为动词参照与"基于人才发展的行为改善培训项目"相同。

2. 任务设计

整个培训项目的面授学习、线上学习、主题活动及实践等都围绕任务的问题解决展开。设计实践任务考虑以下要点：

（1）实践任务一定是本职工作，不能额外增负。

（2）实践任务要可结构化，便于任务分解。

（3）实践行为的改善能够在一定程度上促进业务发展，选择上要小而精，短期内可观察。

（4）实践任务是有针对性和挑战性的工作。

三、线上和线下知识导入

学员大部分知识内容的获得和技能、技巧的掌握都是在此过程中完成。线下的课程、师资、活动的匹配与其他项目相同，这里不做赘述。线上课程的匹配一般遵循以下原则：

（1）形式：以学员利用碎片化的时间自学为主，要辅以一定的任务牵引。

（2）内容：训前线上课程一般是线下面授课程的基础性知识补充，主要用于解决基础性、共性的问题，便于利用集中面授解决更重要的问题；训后的线上课程一般是线下面授课程的补充或者延伸，以方法和工具为主，直接作用于任务实践。根据使用场景的不同，线上课程可以调用现成的微课或资料库，也可以针对性开发。

四、任务实践与辅导跟进

为实现学员的行为转变，培训需要从"知道"层面向"做到"层面延伸，可通过在岗辅导与社群学习相结合的方式予以促动。

1. 机制建立

（1）导师机制。

在培训项目启动之时，同步需要建立学习社群，引入导师制。导师一般可以由外部讲师和内部领导（或绩优人员）组成内外部导师组，在培训项目的任务实践环节，给予学员专业知识和工作实践的指导和鼓励。社群则便于辅导的跟进与答疑，促动学员之间的学习和成果交流。

（2）组织机制。

组织机制是指学习社群组成及活动形式，包括社群的组织架构、互动形式、周期、组规模等。社群小组一般 6~10 人为一组，每个班不超过 50 人为宜。首先，群组需要一定的领导者，组织学员参加社群活动、分配学习任务并对最终成果负责。一般来说学员推荐效果最好，自荐次之，培训经理任命最差。其次，学习社群应当保持固定的活动频率，在学员中形成一种习惯、节奏。

（3）奖惩机制。

在培训中发放筹码、统计积分、颁发奖品可以提升学员的参与热情，社群学习亦如此，且因为互联网学习模式需要开放与包容，所以一般只采取奖励措施而避免惩罚。奖品的设置要遵循高价值、低价格的原则，奖励规则的设计还要充分考虑个人与团队之间的关系平衡。

2.任务发布

以任务书的形式，将与导师共识过的实践任务通过社群和邮箱等方式发给学员，以便学员明确实践和学习目标。优秀的任务往往具有以下特征：清晰的目标、个人能够控制、不断强化的障碍和挑战、即时反馈等。在设计过程中，常常进行游戏化的通关设计，增加趣味性。

3.学习互动

在社群平台，通过"起承展合"四步法推送相关的方法、工具，指导学员实践，内外部导师进行线上答疑。

（1）起：明确讲解主题。

（2）承：引导学员主动思考，练习实践。

（3）展：讲解干货与技巧。

（4）合：延伸到工作中举例并总结规律。

不同的交互形式产生的效果也不同，可从两个维度予以衡量，如图 3–12 所示。

图 3-12　社群学习形式效果分析图

4. 任务实践

根据任务书要求与所学工具，学员开展任务实践，内部导师在岗示范、辅导、跟进，辅导方式前文已经涉及，这里不再赘述。

5. 成果交流

将实践过程或成果以文字、图片、语音等多种载体进行记录并提交，在社群中交流分享，内外部导师予以点评、表彰。

6. 社群运营要点

社群运营是互联网时代学习的衍生物，是体验式学习的代表形式，在设计的过程中要注意"六感"的融入，分别是：

（1）参与感：在环节设计中要充分地调动学员积极性，让他们成为社群学习的主体，具有主人翁的意识。

（2）关注感：在学习过程中要对所有学员予以关注，对他们进行及时的回复、点赞等，让他们觉得是被重视的。

（3）独特感：社群学习环节设计上要新颖，不落俗套；同时，对学员的反馈要@他，点赞时要理由充分，让学员感受到他的与众不同。

（4）悬念感：在微课内容设计上可以留有一定包袱，引发竞猜，吸引学员兴趣。

（5）挑战感：干货学习回答问题等环节，需要设置一定难度，激发学员攻坚克难的学习兴趣。

（6）惊喜感：各个环节都要有奖励设置，让学员感受到处处有收获的学习体验。

五、实践总结与任务复盘

复盘式的总结是从梳理最初的目标开始，刨根问底，探究结果与目标之间的差异根本原因是什么，有什么反思、经验和体会，可以说是一次目标驱动型的学习总结与评价。

从对象角度划分，复盘可以分为自我复盘与团队复盘。自我复盘是指学员根据复盘方法指导，进行个人实践的复盘；团队复盘是指在促动师的带领下，学员以小组为单位，对任务实践进行复盘（详见附件二十：项目复盘表）。

复盘的四个步骤：

（1）回顾目标：当初的目的或期望的结果是什么。

（2）评估结果：对照原来设定的目标找出这个过程中的亮点和不足。

（3）分析原因：事情做成功的关键原因和失败的根本原因，包括主观和客观两方面。

（4）总结经验：包括体会、体验、反思、规律，还包括行动计划，需要实施哪些新举措，需要继续哪些举措，需要叫停哪些举措。

使用说明：此类项目方案设计通常用于基层管理者及以下层面员工，需要员工有较强的学习意愿，能接受互联网学习的形式。在设计时应注意和基于人才发展的绩效改进培训项目设计（TP）的区别，TP的设计核心是绩优人员的经验萃取与转移、复制，主要靠内部经验共享和迁移；BA的设计核心是任务模拟演练，较依赖于外部输入。同时，社群学习需要建立社群学习机制，提前形成约定与规则。

第六节　基于业务发展的绩效改进培训项目设计（BP）

基于业务发展的绩效改进培训项目设计是指通过业务绩效分析诊断，明晰影响绩效的各项因素，匹配相应的培训措施部分解决绩效问题的过程，如图 3-13 所示。

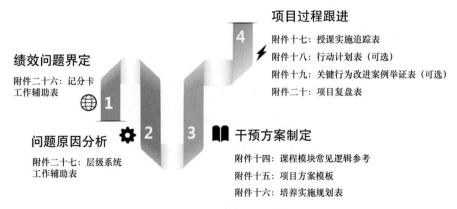

图 3-13　基于业务发展的绩效改进培训项目设计示意图

一、绩效问题界定

实施绩效改进措施的前提，是项目设计者与主办方或业务部门就绩效问题达成了认知一致，对其内容、绩效目标、考核标准等予以准确界定与共识，在此基础上，才能够准确进行绩效分解。《记分卡工作辅助表》（详见附件二十六）可帮助设计者明确与主办方或业务部门的共识要点。

1. 界定的内容

（1）绩效问题描述：业务部门的绩效目标或关注的绩效问题，比如"增加市场份额""减少人员流动""降低成本"等。

（2）绩效考评依据：是指企业实施绩效评估的数据或依据。

（3）绩效差距分析：是指业务部门所期望的绩效与现实绩效的差距。

（4）差距因素构成：获取确定绩效差距原因的数据，以此判断造成差距的影响因素。

（5）目标评估界定：明确获得多少利益才可以抵消采取绩效改进行动所花费的成本。

2. 界定实操指导

（1）向客户展示《记分卡工作辅助表》，解释用途，开展访谈，并一起讨论。

（2）如果不确定对客户来说什么是重要的，那就了解客户的关键举措、目标或策略，并将答案记录在记分卡工作表上。

（3）目前是如何评估这些目标的，用什么数据来评估绩效？

（4）明确需要在哪些绩效差距上进行改进，同时说明希望确定的是：

1）哪里存在绩效差距？

2）这些差距导致了怎样的后果？

3）哪些差距值得我们去找出原因？

4）项干预措施要如何缩小绩效差距才能被认为是成功的？

（5）讨论并明确哪些干预措施最有可能减少或消除绩效差距。

（6）干预措施会对绩效的哪些方面产生积极的影响，选用何种数据来评估绩效？

（7）衡量干预措施的效果是否足够填补干预措施的实施成本。

二、问题原因分析

通过绩效问题界定与分析，设计者可以确定影响绩效改进的因素事件，为进一步确定干预措施的切入点，节约成本，需要对因素事件进行层级系统原因分析（详见附件二十七：层级系统工作辅助表），明确导致绩效问题的具体原因，见表3-14。

表 3-14　　　　　　　　　层级系统

因素事件	原因分析
期望与目标	1. 愿景和任务 2. 近期目标和长远目标 3. 奖励和结果
程序与效率	4. 组织和工作结构 5. 工作过程、工序和实践 6. 文案和标准 7. 工作辅助、标识系统和标签
资源与能力	8. 硬件设施与环境 9. 培训和发展 10. 资源的容量和储备

1. 期望与目标

前三个因素有助于找出组织定义和行为之间不一致的地方。例如，有时组织对愿景和任务、目标和目的、奖励没有统一的定义，甚至相互矛盾。调查研究这些因素有助于明确员工对其工作内容和工作原因是否有清晰和统一的认知。当员工不清楚自己的角色，不了解公司对他们的期望，或者领导传达的指示不清晰时，就会浪费资源，绩效也会恶化。

2. 程序与效率

本层的四个因素能够帮助设计者找出造成低效的原因。例如，组织的结构问题使得工作需要的信息不充分或难以获得这些信息，会使原本能够高效分离成本的程序消耗不必要的甚至非常昂贵的资源。

3. 资源与能力

最后三个因素帮助设计者决定组织是否在实体设备和人力资源上做出了正确的投资，也是采取培训项目解决问题与否的关键影响因素。

三、干预方案制定

1. 绩效干预措施

为了解决这些绩效问题，组织需要采取干预措施，并制定改革方案。根据关注点不同，绩效改进项目将 15 种干预措施按照干预方式的不同分成了六类，见表 3-15。针对不同的问题，有对应的干预措施，此时培训设计者需要跟主办方确认，绩效干预是否从培训端着手开展。

表 3-15　　　　　　　　　干预措施

种类	干预措施	举例
信息类	1.定义：明确愿景、任务、方法、产品、服务、市场定位、关系、责任、结果、期望等活动 2.告知：传达目的、目标、期望、结果、矛盾等的活动 3.记录：整理信息的活动（保留信息或使信息容易获得）	·举行专门的会议陈述愿景；确认市场方向和市场定位；参照各个方面设置绩效目标 ·建立内部通讯录；举行汇报会议；提供反馈 ·建立图书馆；创建工作手册、专家、系统、工作辅助表以及决策指导
结果类	4.奖励：引导并维持期望行为，消除不合理行为，奖励合乎期望结果的活动和项目 5.评估：为员工提供评价标准和基准，以便监测和评估绩效的活动和系统 6.实施：使行为产生影响，并使不良行为符合组织规范的活动	·举行公开仪式和年度表彰大会；奖励绩效 ·制作积分卡；随着时间的推移，追踪方法和绩效的改变 ·监督、审查、复核、延缓、剥夺、扣押工资
设计类	7.组织：改变或安排业务单元结构，报告员工关系、工作方法、具体工作和任务的活动 8.标准化：使过程系统化或自动化，使任务、工具、设备、材料、成分或措施标准化的活动 9.（再）设计：形成有用的、易用的、安全的、人体工学设计的环境、工作场所、设备和工具的活动	·重新设计过程；合并部门；重新分配职责 ·采用ISO9000和ANSI标准；实施统一标准；使用相同的指导原则、步骤、工具、设备以及语言 ·建立安全特性；易于安装、使用、维护和更新的设计
能力类	10.重构：产生新的范式，使员工拥有新的视角，找到创造性解决方案，在行为中整合新的概念并能很好地控制和管理变化的活动 11.建议：个别或集体化地帮助个人解决工作、个人、职业、家庭以及财务问题的活动和项目 12.发展：扩展技能和知识的活动和项目	·推动实现挑战性的设想；积极参与对话；加入新团队；头脑风暴；使未来有多重选择余地 ·提供托儿所、提前退休的研讨会、健身中心、员工援助项目 ·提供培训、辅导和结构化的在职学习经历

续表

种类	干 预 措 施	举 例
行动类	13. 倡导：旨在增强意识，激发行动的活动（个人的、组织的、社会的、政治的） 14. 服务：主动提供帮助的行为	·静坐；游行；聚众；使用布告牌和其他媒体形式宣传观点并号召行动；筹款；设立用户委员会 ·帮助重建家园；提供医疗资助；捐赠设备和供应品；提供专家意见
协调类	15. 一致：致力于使目的、实践和结果保持一致的行为和活动	·建立跨职能的团队；引导客户（内部和外部）提供反馈；确保雇佣标准和工作要求相符

在以上干预措施中，"能力类"中的"重构""发展"措施与培训密切联系。在具体制定培训方案前，设计者需要明确培训的目标。基于业务发展的绩效改进培训项目的项目目标主体应是业务，目标是促进相关业务的规范、发展等。所以此类项目目标的构成应该包含两部分，一是业务认知和业务行为（所有与业务相关的流程步骤操作等）的改变，如某品牌宣传部门新增 H5 宣传业务，在业务认知端，需要该部门自上而下认识到 H5 宣传的价值意义，了解 H5 的使用场景、常用软件及制作方式；在业务行为端，部门人员要能够胜任如文案撰写、素材搜集管理、模板制作、成品产出及市场推广等工作。二是有一定的量化指标成为绩效考核标准。目标构成的行为动词参照"基于人才发展的绩效改进培训项目"。

针对业务绩效问题，可以通过面授课程、教学活动解决员工的知识、技能和意愿问题，辅以教练技术、导师制、现场辅导和行动学习等转化技术，促进员工的行为改变和绩效提升。实施流程参考如下：

（1）理论知识导入。

与业务相关的专业知识和行动学习、辅导、教练技术的理论、工具导入，具体方式与基于人才发展的认知改变培训项目相同。

（2）行动学习内化。

采取行动学习的方式，学员将所学的专业知识和问题分析解决工具相结合，形成解决绩效问题的行动实践方案，然后回岗开展实践（行动学习相关内容参见前文所述）。

（3）实践辅导促动。

在学员行动学习实践阶段，可根据学员不同的能力水平或短板，设计相应的辅导活动。对于层级较低、能力相对薄弱的学员可采取导师在岗辅导的形式促动实践；对于层级较高、能力相对较好的学员可采取教练的形式开展辅导。如业务能力方面需要提升，也可引入业务专家，进行现场督导。

导师辅导和现场督导前文已涉及，这里不再赘述。与导师辅导相比，教练技术是从内到外，通过改善被教练者心智模式来发挥其潜能并提升工作效率的辅导模式（导师辅导是从外到内，导师通过知识的讲解和技能的演示，来让徒弟进行跟随学习，最终形成固定的行为习惯）。实施教练技术，需要具备以下应用基础：

1）岗位能力标准。

岗位能力标准即员工的发展方向和目标。缺少岗位能力标准的教练技术将演变为"师带徒"的模式，所以在实施前，要梳理好被教练者岗位的行为要求和标准。

2）教练技术人员。

教练技术是一门易学难精的技能，知识层面很容易被理解和接受，而操作层面需要在专业的指导下反复演练才能掌握。所以在确定实施教练技术前，必须确认企业内部拥有具备教练技术能力的专业人员。

GROW 模型是教练技术中常用的有效工具之一，具体包括：

G：Goal，即目标，教练通过一系列启发式的问题帮助被辅导者找到自己真正期望的目标。

R：Reality，即事实，围绕目标搜索相关事实，有困难，有资源，这个过程需要教练帮助被教练者拓展思路，找到超出自己目前所能看到的内容和维度，发现更多的可能性，从而走向第三步。

O：Option，即方案的选择，由于被教练者看到了更大的现实可能性，从而开启思路探索到更多的方案选择，从而找到最佳的方案。

W：Will，最后进行总结，在实际的教练辅导过程中，教练将采取更多方法激发被教练者充满热情地去行动，并予以支持和检查，再次进行阶段性的辅导，直到达到教练的目的。

2.其他绩效改进建议

希望实现绩效有所改进的培训项目最好争取一定的绩效支持措施，诸如机制、资源、技术、平台等，促进学习转化，更好地作用于绩效。这里的绩效支持可以是为员工或团队提供完成工作所需的信息、知识或经验、工具与流程步骤等方面的支持，帮助其更快、更好地达成目标、提升绩效，而这些措施脱离培训单独使用可能效果不如结合培训实施显著。

能够为绩效改进培训项目提供绩效支持的，一般具有两大特点：

（1）主要目的是帮助员工完成特定工作或任务、解决具体的问题。

因此，通常是在员工需要的时刻，为其提供与特定场景相关的具体指导或帮助，主要是一些经验、操作步骤、工具与方法等，无须员工记忆，也不需要复杂的技能，只要具备基本的条件，按照特定指导一步一步地操作，就能完成任务或解决问题。

（2）通常发生在工作现场。

与培训或提升员工技能的训练不同，绩效支持通常发生在挑战或问题出现的时刻，员工不能离开工作现场，也来不及接受系统化的训练。但是，通过绩效支持系统，也可以让员工逐渐提升完成工作的技能、积累经验，达到训练的目的。

四、项目过程跟进

基于业务发展的绩效改进培训项目的过程跟进与各类转化技术组成的培训内容紧密联系，所有促动手段都属于跟进的方式。从项目管理的角度而言，对项目整体进行质量把控，一般采取项目复盘的方式，通过问卷调查、访谈、观察等方式，深入了解项目执行的各个环节，将关键内容填入《项目复盘表》（详见附件二十），明确项目的亮点与不足。

使用说明：此类项目方案设计通常适用于从业务绩效目标出发，分析和解决业务绩效问题的项目，需要得到业务部门及人力资源部门的共同支持。在设计时应提前了解主办方（或业务部门）的权限范畴，以便衡量是否能够开展绩效改进项目以及干预措施能够深入的程度。若绩效干预措施以培训手段为主，最好争取一定的资源鼓励或者机制保障，以便培训项目更好地促进绩效改进。

第七节　基于组织发展的认知改变
培训项目设计（OC）

基于组织发展的认知改变培训项目设计是指在组织经营战略的条件下，判断组织中哪些部属和哪些部门需要培训与组织战略相关的哪些内容，并设计学习活动，以保证培训计划符合组织的整体目标与战略要求的策划活动，如图 3-14 所示。

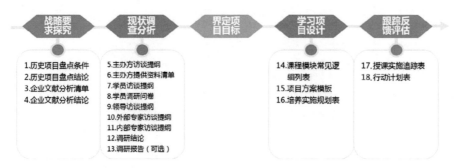

图 3-14　基于组织发展的认知改变培训项目设计示意图

一、战略要求探究

1.明晰组织战略发展要求

（1）通读组织的战略规划、重要工作报告、要点新闻，了解组织战略的发展要求。

（2）与主办方沟通需求的时候直接询问或抓取组织发展的战略核心内容。

2.基于组织发展的演绎推导

（1）明确组织战略目标。

通过资料搜集解读、与主办方沟通验证，明确组织战略目标的内涵。

（2）分析核心竞争力。

核心竞争力可产生于公司价值链的任何一个环节，涉及公司经营的方方面面。根据众多研究成果，本方法论从市场竞争出发，着眼于企业内部，发现企业核心竞争力的构成要素包括人才竞争力、技术开发创新能力、经营管理能力、企业文化影响力和品牌管理能力等。

人才竞争力：人力资源是核心资源，只有人力资源才能对企业的知识和技能进行协调、整合。总之，人才的竞争力决定了企业的生存发展能力，决定了企业占领市场和谋取利润的能力。

技术开发创新能力：包括企业现有的技术知识和技术水平以及运用技术知识进行开发和创新的能力。一方面企业要具有自己独特的核心技术，另一方面，企业要具备原创性的研究开发能力，这是企业保持核心竞争力的重要组成部分，是企业谋求长远发展、获得长期利润的源泉。

经营管理能力：管理是对企业的各种资源进行有效的组织与整合，以形成生产生能力。企业管理能力来源于企业拥有的管理员工队伍和具有特殊组织才能的经理，它包括企业获取市场信息和各方资源并予以决策的能力。企业经营管理能力的提高，有助于企业提高资源利用率。

企业文化影响力：企业文化是企业物质文化、行为文化、制度文化、精神文化的总和。企业文化能够赋予企业强大的生命力，调动员工积极性，是实行人本管理的内在要求，是当代管理的精髓。

品牌管理能力：品牌是企业核心竞争力的表现结果，是企业核心竞争力的有效载体。有效的品牌管理能够产生积极的市场效应，赢得客户的品牌忠诚，扩大市场份额，吸引优秀人才，进而提升企业的核心竞争力，形成良性循环。

根据核心竞争力分析模型，核心竞争力需符合以下标准：

1）价值性。这种能力首先能够很好地实现顾客所看重的价值，可降低成本、提高产品质量、提高服务效率或增加顾客的效用等，从而给企业带来竞争优势。如智能电网这一技术能力为民众生活用电缴费带来极大便利。

2）稀缺性。这种能力必须是稀缺的，只有少数的企业拥有它，例如特高压技术。

3）不可替代性。竞争对手无法通过其他能力来替代它，它在为顾客创造价值的过程中具有不可替代的作用。

4）难以模仿性。核心竞争力还必须是企业所特有的，并且是竞争对手难以模仿的，也就是说它不像材料、机器设备那样能在市场上购买到，而是难以转移或复制。

（3）分析关键成功要素。

寻找支撑某项竞争力成为企业核心竞争力的基本实施策略（关键成功要素）。核心竞争力总是受到一些因素的影响，可以通过头脑风暴找出这些因素，并将它们与特性值一起，按相互关联性整理而成的层次分明、条理清楚，并标出重要因素，形成特性要因图，也就是鱼骨图，如图 3-15 所示。鱼骨图的操作步骤如下：

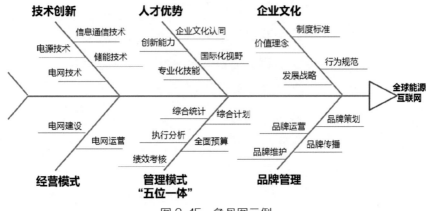

图 3-15 鱼骨图示例

1）针对问题点，选择层别方法（可以是核心竞争力的构成要素或人机料法环测量等）；

2）按头脑风暴分别对各层别类别找出所有可能原因（因素）；

3）将找出的各要素进行归类、整理，明确其从属关系；

4）分析选取重要因素；

5）检查各要素的描述方法，确保语法简明、意思明确。

（4）确定人才发展要求。

梳理关键成功要素对于企业不同岗位人员的要求，形成基于组织战略的培养体系。

二、现状调查分析

1. 调查对象及内容

（1）主办方：培训对象及基本情况（层级、岗位、年龄、文化程度、本岗位工作年限）、组织战略、存在问题、培训预算、培训目标、考核方式……

（2）目标学员 / 学员领导：基本情况（层级、岗位、年龄、文化程度、本岗位工作年限）、战略要求、存在问题、过往培训经历（培训内容、培训形式、培训师资、满意度等）、培训期望与建议（培训内容、培训形式、培训时间、师资）……

（3）专家：组织战略、核心竞争力与关键成功要素、专业学习框架、可用课程资源及适用对象……

（4）数字化信息库：过往培训项目、培训对象、培训课程（师资、时长、满意度、方式）、学员查重、历史学员建议……

（5）所在单位：工作报告、战略报告、战略发展规划……

2. 调查方式

（1）资料阅研：资料阅研不仅包括调研前期的数字化信息库资料盘点、企业网站及已有的相关文件阅研，还包括调研主办方时补充的材料，如企业战略规划、部门战略解读等。

（2）访谈调研：访谈主办方、学员领导、学员代表、内外部专家等，明确企业战略发展对部门及个体的要求。

（3）问卷调研：在访谈的基础上，展开问卷调研，一是补充学员基本信息，二是明确学员培训需求偏好等。

3. 调研内容对方案设计的影响

虽然项目不同，但是调研的内容如何影响项目设计的逻辑相同，具体请参照"基于人才发展的认知改变培训项目"。

4. 影响因素排序

将众多影响因素按照结果影响的类型进行归纳，根据与主办方沟通情况及过往经验，进行重要性判断。

5. 撰写调研结论

系统调研结束后，设计者需要对调研的内容作整理与分析，形成调研结论，对存在的问题及解决方案形成判断。根据需要，也可出具调研报告，形式上更规范，背景分析等在最终项目方案撰写时可直接引用。

三、界定项目目标

经过战略解读与调研分析，设计者可精准定位此次培训要解决的业务问题，并与主办方就解决形式和效果程度（目标）达成共识。基于组织发展的认知改变培训项目的项目目标主体是组织，目标程度为知识技能认知与态度的感知。目标的行为动词请参照"基于人才发展的认知改变培训项目"。

四、学习项目设计

详见基于人才发展的认知改变培训项目"培训内容设计——匹资源"节内容。

五、跟踪反馈评估

详见基于人才发展的认知改变培训项目"跟踪反馈评估——驱改进"节内容。

使用说明：此类项目方案设计适用于组织战略、文化宣贯项目。在设计时应注意和基于人才发展的认知改变培训项目设计（TC）、基于业务发展的认知改变培训项目设计（BC）的区别。OC是一个系统项目，涉及多岗位、多人群的内容宣贯，而不仅仅是在培训项目中单插入一门战略文化宣贯的课程。

第八节　基于组织发展的行为改善
培训项目设计（OA）

基于组织发展的行为改善培训项目设计是指针对组织行为问题，选取标杆参照，通过培训手段的设计以达到组织标杆学习，改善组织行为的过程，如图3-16所示。

图 3-16　基于组织发展的行为改善培训项目设计示意图

一、确定标杆学习主题

组织标杆学习通常在对企业的经营管理有重大影响并且企业需要改善或希望改善的方面开展。开展标杆学习之前，企业必须针对战略环境的新变化及其对企业的新要求，进行自省和自我诊断，找出企业存在的各方面问题，明确标杆学习的主题。

为了更好地确定标杆学习的主题，并与企业重要的经营成果相连接，项目设计者与企业负责人需要通过回答以下问题予以主题的聚焦（最早开展标杆管理的施乐公司提出）。

（1）什么是影响部门或小组成功的最关键因素？

（2）什么因素给部门或小组造成了最大的困扰？

（3）我们应该给"客户"提供什么样的产品或服务？

（4）哪些因素决定了"客户"的满意度？

（5）目前我们已经认定了哪些问题？

（6）企业的哪些部分感受到竞争的压力？

（7）企业目前的主要成本是什么？

（8）哪些环节所占的成本最高？

（9）哪些环节最有改善的空间？

（10）哪些环节决定了我们和竞争对手的区别？

需要注意的是标杆学习的范围不宜太笼统，需要明确界定学习的内容；标杆学习的子议题不宜过多，一次标杆学习计划通常以4个为上限。

二、甄选组织改进参照

组织行为改进参照对象的选取范围不只是局限于组织内部，还可以延伸到同一行业、不同行业甚至全球范围内任何行业的领先企业，而且参照对象的选取不受职能分工、企业性质甚至行业性质的限制，强调实际经验。参照对象可以寻找整体最佳实践，也可以挖掘单个或者多个优秀职能、流程或者其他实践，进行标杆学习比较。同时，企业在进行组织标杆学习时，必须考虑资源环境的可比性，衡量自身的实力以及可允许的资源使用量，实现"改善的程度"以及"投入资源"之间的均衡，即在"典范金字塔"找准标杆学习的位置，如图 3-17 所示。

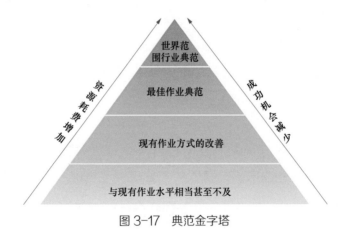

图 3-17　典范金字塔

一般标杆学习处于第二层，即"现有作业方式的改善"层，学习成功机会较大，耗费的资源也在可承受范围内。另外标杆企业选取时，可参考以下因素：

（1）对标企业口碑良好（企业或者企业的某一行为）。

（2）对公司有借鉴价值（此时需结合公司特色来做选择）。

（3）标杆企业有成功案例。

（4）标杆企业也希望把标杆学习做好。

就具体的标杆学习内容，标杆企业的选取建议如图 3-18 所示。

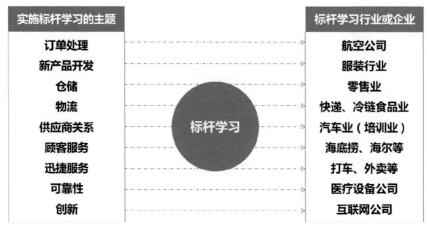

图 3-18　对标学习企业参考

三、收集分析组织数据

　　确定了组织改进参照企业后，需要进行数据的收集（详见附件二十九：标杆企业选取依据参考）和分析，通过比对，确定具体的标杆学习内容。本阶段的具体工作包括收集数据、数据处理及情报分析。具体来讲：首先，数据收集，即开展调研，确定信息源，识别有效信息，收集与标杆学习内容相关的数据。其次，数据处理，即对所收集的数据进行鉴别、分类、整理、计算、排序、指标计分等工作。再次，数据分析，即结合企业对内部状况的分析，利用数据处理的结果，与标杆学习对象的"最佳实践"或者关键成功因素进行对比，分析二者之间的差距及其原因。

　　根据组织数据分析，在培训方案设计前，项目设计者需要明确项目目标的主体是组织，目标程度是组织协同行为的转变。行为动词相比于"基于人才发展的行为改善培训项目"，更偏向于宏观层面的协同行为描述，如提升、强化、夯实、推进、健全、贯彻、营造、树立等。

四、设计标杆学习方案

设计者通过相关数据的定量和定性分析，明确了标杆学习的内容和目标，要形成较高可行性的计划方案，设计可参考跨界学习四步循环圈，如图 3–19 所示。

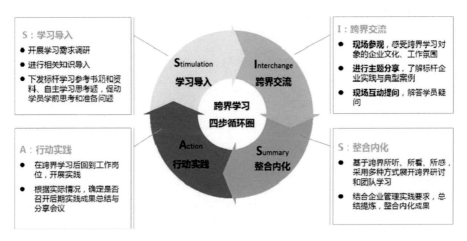

图 3–19　跨界学习设计示意图

1. 学习导入

标杆学习开展的第一步是优秀经验的导入，一般通过专家讲授或嘉宾分享的方式予以实现。其中嘉宾的选择需要注意以下要点：

（1）企业需针对标杆学习的主题和需求确定分享者的级别，通常分享者级别越高，分享效果越好。高层分享者通常会结合市场环境、行业格局、公司战略等方面解析问题。例如，同样是分享业务话题，基层管理者的分享可能会更多涉及业务发展方向，企业目前最关键的任务等内容，而企业高管则会更多涉及市场形势、竞争势态、企业策略等内容。

（2）交流专业类话题时，核心专家能带来更多有价值的分享，对企业实际操作的借鉴价值也越大。例如，在产品创新设计方面，产品设计师更能分享出产品背后的故事，让交流学习真正深入人心。

（3）交流企业文化类主题时，资深的员工或管理者都可以是分享者，他们可以通过分享自身真实的故事和感受给参访者带来深刻的体会。

2.跨界交流

确定了分享嘉宾后，要对交流方式予以一定的设计。设计合理的交流环节能极大提升交流效果。对于常见主题的交流，企业可参考如下做法：

（1）战略、市场、管理等话题的学习，以嘉宾分享为主，分享者如果能详细分享实际案例，才有可能帮助参访者真正了解到标杆企业的具体做法。

（2）产品和方法创新类主题，最好能通过实际的参观或模拟，帮助参访者形成直观的感受。例如，腾讯公司在参访以创新设计闻名的 IDEO 公司时，对方资深顾问带领参观者体验了一次从头脑风暴、创意分类，到方案形成的创新方案产生全流程。

（3）服务创新、客户体验等主题的交流，则要让参访者充当客户角色，自己去感受。例如，为了让学员更好地感受星巴克的咖啡文化，企业邀请星巴克的咖啡大师给学员讲解咖啡知识，并让学员亲自体验星巴克手冲咖啡。

（4）企业文化类主题，仅仅依靠嘉宾分享远远不够，需要配合一定的活动予以深化，如组织一场研讨沙龙，邀请从普通员工成长起来的管理者、资深员工、刚入公司一年左右的新员工等讲述自己的真实案例和故事。

3. 整合内化

通过学习交流，企业需要将标杆企业的优秀实践经验进行提炼和内化，这是标杆学习落地的重要环节。一般可通过回顾和提炼总结活动，引导学员重新梳理学习心得，思考如何将所学经验应用到公司的实际工作和日常管理中。因此，此环节需要安排专门的引导师，引导学员去做总结、归纳，进行思考落地。具体流程可参照：

（1）个体反思。即每位学员都需用便笺纸写下标杆学习的感受和启发，为了方便后续归档，一张纸只写一个简短的内容。

（2）归纳共识。首先，以组为单位，汇总组员的反思总结并归纳出几个共性的维度，比如文化、创新机制、方法、评价标准等，并将这些维度写在白板上；其次，各组派代表上台做展示，轮流与其他小组成员分享自己的总结和发现，此时，引导师需把各组的发现记录下来，等各组发言完毕，带领大家把最具共性、最重要的发现提炼出来；最后，各组需将写好的便利贴贴在白板对应的纬度下，给大家更直观的感受。

（3）落地思考。需重新分组，将来自同一个事业群/分公司，或同一部门的学员分在一起，根据上一步总结的共识和发现，一起讨论如何将所学内容用于对现有工作或流程的优化。同样，讨论结束后，各组需轮流做分享，说明之后将如何优化工作，要争取达成怎样的结果。

4. 行动实践

标杆学习的成果最终转化为内部的实践才能形成标杆学习的完整闭环，因此，企业还需在交流内化的基础上开展扩大标杆学习价值的工作，例如请参加的学员撰写学习心得，并发表在公司级内刊或网络平台上，方便所有人都能了解；总结提炼标杆学习的核心内容，安排出去交流学习的同事，在所在事业群/分公司/部门内，做学习分享。推动实施提炼学习成果环节输出的各项改进建议，开展行动实践，并进行效果跟踪。

五、标杆学习效果评估

组织标杆学习培训项目的评估可以从过程和结果两方面入手：

1. 过程监控与调整

根据《项目复盘表》（详见附件二十），分析并评价各个环节的实施效果，进行及时反馈，建立良好的反应及反馈机制。如果标杆学习计划某环节没有达到预期的实施效果，进行检查，找出原因并调整标杆学习计划，重新进行新的标杆学习活动，即在试错过程中树立正确的标杆学习目标和计划。如果标杆学习环节取得了预期效果，则进入标杆学习活动的下一阶段。

2. 成果评估与反馈

组织标杆学习结束后，需进行项目效果评估，以检查实施的效果，进而将组织行为评估的结果与进行标杆学习之前和学习期间的实际状况进行比较，分析是否取得良好的效果。需要注意的是组织行为的评估关注的是组织对标学习活动全过程的反映，其评价准则和尺度不是单一的，而是一个综合的、多层次的指标体系，包括组织结构的合理化、组织运行要素的有效性、组织气氛的和谐性、组织成员行为表现等方面。

通常好的项目效果来自有良好规范且正确执行的流程。标杆学习流程结束后，企业须对这次的活动做流程检核并记录，及时总结经验，吸取教训，为下次标杆学习形成参考。

使用说明：此类项目方案设计适用于组织能力短板补足的项目。在设计时应注意组织能力诊断需要借助恰当的评价工具，如组织文化诊断量表等；另外，组织行为的改进需要涉及不同层次的人群。

第九节　基于组织发展的绩效改进培训项目设计（OP）

基于组织发展的绩效改进培训项目设计是指基于组织战略绩效分解，系统地实施人才管理，并通过绘制人才地图规划组织人才发展，致力于增强组织结构、进程、战略、人员和文化之间的一致性的分析、策划过程，如图 3-20 所示。

图 3-20　基于组织发展的绩效改进培训项目设计示意图

一、组织战略绩效分解

组织层面的绩效发展必须围绕组织战略展开，组织战略是绩效目标设定的前提。所以，基于组织发展的绩效改进培训项目的需求分析，应从组织战略绩效分解开始。可通过绘制战略地图予以实现。

战略地图是以平衡计分卡的四个层面目标（财务层面、客户层面、内部层面、学习与成长层面）为核心，通过分析这四个层面目标的相互关系而绘制的企业战略因果关系图。战略地图的核心内容包括：企业通过运用人力资本、信息资本和组织资本等无形资产（学习与成长），才能创新和建立战略优势和效率（内部流程），进而使公司把特定价值带给市场（客户），从而实现股东价值（财务），如图 3-21 所示。

图 3-21　战略地图绘制步骤

1. 确定战略财务目标

全面梳理公司战略任务系统，包括使命、价值观、愿景等，确定股东价值差距，比如说股东期望 5 年之后销售收入能够达到五百亿元，但是公司只达到四百亿元，距离股东的价值预期还差一百亿元，这个预期差就是企业的战略财务目标。

2. 确定业务增长路径

通过产品市场多元化矩阵分析，进行市场和客户细分，确定业务增长路径，提取市场战略主题，如图 3-22 所示。

图 3-22 市场多元化矩阵分析

3.确定客户价值主张

要弥补股东价值差距，实现销售额的增长，对现有的客户进行分析，调整客户价值主张。客户价值主张主要有四种：第一种是总成本最低，第二种价值主张强调产品创新和领导，第三种价值主张强调提供全面客户解决方案，第四种是系统锁定。关于第四种主张，我们都知道企业是一个不断与外界环境发生作用的自组织系统，在时空的双重作用下不断演变，如果把更多的利益相关者、竞争对手考虑进来，价值网络就演变为一个商业生态系统。任何一个产业环境中都存在多个竞争性的商业生态种群，竞争不相容法则告诉我们，企业要么被别人选择进入一个生态系统，要么自己构建一个新的商业生态系统。而组建一个商业生态系统必然耗费大量的成本，如果没有足够的价值潜力作为支撑，企业的长期竞争优势就不会得到显著提升，也无法获取超额利润。环境和资源的限制将促使企业采取各种手段对商业生态系统进行固化，使之达到超越常规竞争的系统锁定状态。如我们所熟知的BAT（百度、阿里巴巴和腾讯）在我国互联网产业的多头布局，维持了其在行业中的霸主地位，可以说是一种系统锁定。

4.确定内部运营主题

通过企业SWOT、内部经营矩阵分析和战略地图模板参照，提取、分析和筛选企业关键战略举措，结合时间规划，归纳内部运营的短期、中期和长期主题，如图 3-23 所示。

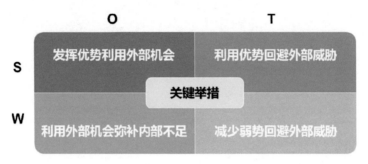

图 3-23　企业 SWOT

5. 确定战略资产准备

提升战略准备度（学习和成长层面），分析企业现有无形资产的战略准备度，具备或者不具备支撑关键流程的能力，如果不具备，找出办法来予以提升。企业无形资产分为三类，人力资本、信息资本、组织资本。

二、组织人才盘点规划

在企业战略资产准备中，人力资本的准备体现在人才管理，具体是指从企业的发展方向和战略定位出发，对组织结构和人才进行系统管理，形成清晰的人才地图。构建企业人才地图，是组织人才盘点规划的有效途径，旨在帮助企业明确关键人才的发展现状，了解关键人才的整体优劣势，以便企业在构建培训和发展体系，以及在内外部招聘和选拔的过程中能够有的放矢，为企业人才梯队的建设奠定基础。

人才地图的绘制步骤具体如下：

1. 组织结构盘点

根据组织的发展战略和市场竞争情况，盘点当前的组织结构设计是否合理，以及当前的组织质量和劳动生产率如何。在盘点组织结构时，需要对照战略重点，对关键岗位的核心职责进行定义，为盘点人才质量提供依据和标准。组织结构盘点需要包含以下信息：关键岗位名称、职位、当前任职者、编制数、向该岗位直接汇报的岗位数、组织氛围、任职者的工作地点、每个关键岗位的核心职责等，如图3-24所示。

图 3-24　组织结构盘点示意图

2. 识别关键人才

识别高潜力的关键人才是人才盘点的核心，识别依据包括业绩、能力/素质、潜力。业绩是指在过去一个时期的业绩结果；能力/素质是在过去一个时期取得业绩结果过程中的具体行为表现；潜力是预测其未来的发展潜力。

3. 绘制人才地图

结合对关键岗位的职责分析和通过人才测评结果，形成直观的关键岗位的人才地图。一般关键岗位的继任计划也属于人才地图的一部分。九宫格是目前应用最为广泛的人才地图的一种，能够对人才予以区分，并与人才的激励、保留、培养发展措施相结合。

（1）经典型九宫格通过能力和业绩两个维度、各三个层级将人才区分为九大类，见表3-16。

表 3-16　　　　　　　　　　经典型九宫格

项目		绩效		
		I — 需提升	S — 符合要求	O — 杰出
能力	高 — 优秀	7：6个月内新提拔人员	8：进一步提升绩效	9：现在需要提拔的高潜力人才
	中 — 符合	4：发挥优势，提升绩效	5：进一步提升绩效和能力	6：发展其更高级的技能
	低 — 待提高	1：降职或辞退	2：纠正其行为表现	3：经验丰富的"专家"

值得注意的是上述九宫格是对人才的盘点与分类，每个格子代表的是一类人，而非人才发展的技术手段。

（2）扩展型九宫格在业绩和能力的基础上增加潜力评价指标，人才地图一般采取组织结构图的形式呈现。相关指标见表3-17。

表 3-17　　　　　　　　　　扩展型九宫格

潜力评价（由高到低）	绩效评价（由高到低）	能力评价（由高到低）
·高潜力 ·提升一个层次 ·在原岗位上发展 ·需调整	·优秀的业绩，超出预期 ·符合要求的业绩，持续达标 ·没有达到期望	·卓越 ·优秀 ·合格 ·需要提升/调整岗位 ·新员工

（3）整合型人才地图在前两类的基础上，将不同岗位、层级的要求纳入考量范围，不仅标明了岗位任职者的发展潜力，而且给出了该岗位任职者未来的发展方向，如图3-25所示。

		规划&政策类岗位	协调&商务类岗位	业务运营类岗位
战略制定	企业领导		• CFO ●	
	战略制定	• 集团总法务顾问 ● • 集团总审计师 ●	• 市场SVP ▷ • 供应链管理SVP ●	• 运营COO ●
战略执行	战略整合	• 人力资源总监 ▷	• 市场总监 ◁ • 区域采购总监	• 区域销售总经理 ●
	战略执行	• 财务高级经理 △	• 项目高级经理 ● • 品牌推广高级经理 ▽	• 销售高级经理 ◁ • 生产厂长 ●
	策略执行	• IT经理 ●	• 市场经理 ●	• 销售经理 △

职位层级（左侧竖排）

● 高潜力　　● 可提拔　　● 在原岗位发展　　● 问题员工　　△ 调整的方向

图 3-25　整合型人才地图

4. 建议应用策略

根据人才地图显示的人才质量，建议各类人才地图的应用策略。填补人才缺口一要靠外部获取，二要靠内部培养，为此需要利用人才地图的成果制定各种应用策略，包括针对关键人才的培养和培训建议、继任政策建议、审阅关键人才招聘策略、职业发展等，形成关键人才规划的体系。

根据以上步骤，企业可以建立相应的人才地图，并明确人才的数量和质量需求问题：

（1）哪些岗位的人才是充足的。

（2）哪些岗位的人才是目前足够，但是未来紧缺的。

（3）哪些是目前就出现了短缺。

（4）哪些人员已准备好承担更高层次的工作责任。

（5）哪些人员胜任目前的岗位。

（6）哪些人员尚不能胜任目前的岗位。

三、关键人才发展设计

根据人才盘点的情况，针对不同岗位及状态的员工实施关键人才发展项目。从培训的角度而言，方案设计者需要明确培训的目标主体为组织，内容是促进组织战略层面的绩效提升和人才、业务发展等。所以此类项目目标的构成应该包含两部分，一是组织战略认知和组织行为的改变，二是有一定的量化指标成为绩效考核标准。目标构成的行为动词参照"基于人才发展的绩效改进培训项目"。

基于成人学习的认知和发展过程，培训项目设计的思路参考如下：

1. 信息导入

通过面授、分享交流活动等方式，实现知识、技能等信息导入，弥补学员的知识技能差距。

2. 知识内化

通过主题研讨、行动学习等方式，引导学员将所学新知和旧知建立联系，促进新知的内化。

3. 辅导促动

在学员进行知识内化的过程中，可以通过课程讲授、在岗辅导、教练等方式，促动内化过程，实现行为的转变和绩效改进。

同时，由于战略地图绘制和人才盘点是一个组织层面的人才管理系统过程，以经典型九宫格为例，针对九类不同的人才，所采取的人才发展手段也各有侧重。

1 号格员工：能力和业绩都不达标，要么降级、要么辞退。

2 号和 4 号格员工：2 号格的员工能够完成绩效目标，但是在工作行为上存在显著不足，例如拒绝合作、不遵守管理制度等，需挖掘工作行为不符合要求的根本原因，引入相关的培训课程或激励机制，可通过内部导师制予以潜移默化的影响、关怀与辅导；4 号格的员工可能工作积极，态度认真，与同事合作融洽，但可能专业能力不足，导致业绩不达标，需针对专业不足开展培训，可通过现场辅导技术促进专业能力的提升。

3 号格员工：3 号格的员工综合能力比较低，但是某一方面能力或资源比较突出，导致其绩效优秀。其发展方向是 6 号格，需要促动其多方面能力的提升，可赋予其更多职责，如承担导师职责，辅导新人，同时给予关于辅导方面的培训输入，提升能力；或者在内部实施轮岗培训，促使员工全面发展。

5 号格员工：5 号格的员工是组织中相对稳定的贡献者，其发展方向是 6、8、9 号格，能力方面的提升可以赋予其更多职责，如担当导师；绩效方面可开展任务实践或行动学习，并辅以绩效机制支持，促进业绩提升。

7 号格员工：7 号格的员工一般是新提拔的人才，由于任职时间短，还没有机会在业绩方面有所建树。还有一种可能是由于外界客观原因，导致员工的努力白费没有做出业绩。对于此类员工，可通过在岗实践技术促进业绩提升，同时给予一定的绩效支持。

6 号和 8 号格员工：这两类员工属于中等潜力发展人才，一般经过 3 个月~1 年的培养后，可提拔到更高层级，就是通常所说的继任（后备）

人才。其发展方向是 9 号格，培养内容是前置培养或选拔性培养，可通过跨界学习、行动学习等促进业绩、能力的提升。

9 号格员工：绩效表现持续优秀，能力突出，是默认的高潜人才，可进行提拔，否则有离职风险。

以上内容只是大概的培养规划建议，具体转化技术的设计参见其他八类培训项目方案设计，此处不再赘述。

四、人才发展跟踪评估

虽然项目实施的跟进措施与具体的人群及转化技术有关，但是从项目整体而言，仍可采用《项目复盘表》（详见附件二十），对项目的各个环节实施跟进与评估。至于组织绩效改进的效果，则可依据组织内部的个人绩效考核和组织绩效考核方式予以评估。

使用说明：此类项目方案设计适用于系统的人才发展规划项目。需要注意的是此类项目针对的不是单一岗位或人群的培养，而是基于组织战略目标分解，落实到人才发展与成长层面的指标要求，系统盘点支撑战略落地与发展的关键岗位人才的质量与数量，针对性进行人才规划与培养，其中包含了一系列人才发展项目。

第四章

工具表单附件

附件一 历史项目盘点条件

1. 筛选关键词（按照范围从大到小）

主题——对象——主办方

2. 盘点数据（主要是培训项目的效果评估结果、学员名单、课程表）

（1）时间。

（2）课程（含课程的所有资料及满意率）。

（3）师资（含老师的所有资料及满意率）。

（4）学员（含学员的基本信息资料及对培训的意见建议）。

3. 盘点用途

（1）需求输入（指同类项目的内容借鉴）。

（2）查重（同一人群已经上过的课程不再考虑）。

（3）好课程继续推荐（同主题不同人群，好课程可以继续推荐）。

（4）业务关键词提取（从培训课程中提取内容理解相关业务，提取业务关键词）。

附件二　历史项目盘点结论

　　根据近 3 年培训数据显示，在 ×× 期间，（针对 ×× 业务 / 战略发展要求），×× 岗位学员历经《××》等方面的课题培训，重点提升 / 拓展 / 强化了【摘抄既往培训中的目标字段】。基于训后追踪调研发现，目标学员倾向于 ×× 形式【既往满意度评价高的课程形式】的课程，×× 风格【既往满意度评价高的师资风格】的师资，同时对 ××【索引汇总 "培训改进建议"】提出了更高要求。

　　附件

　　1. 相关历史培训项目清单

　　2. 历史学员名单

　　3. 课程师资及满意率清单

　　4. 优质课程和师资推荐表

　　5. 学员培训改进建议汇总表

附件三　企业文献资料分析清单

1. 网站信息

（1）单位简介：单位概况、组织架构。

（2）工作新闻。

人才发展类：有培训主题则摘与主题相关的信息，无主题则摘发展目标、重点任务。

业务发展类：有培训主题则摘与主题相关的信息，无主题则摘发展目标、主营业务。

组织发展类：有培训主题则摘与主题相关的信息，无主题则摘战略目标、战略规划、相关部门战略解读。

（3）培训新闻：培训经历，含已培训课程及师资。

2. 内发文件

（1）两会报告。

（2）领导讲话指示：相关部门、相关主题；战略目标、战略规划、相关部门战略解读。

3. 能力模型研究成果

能力模型的能力要求及课程配置（专业、层级、阶段）。

附件四　企业文献分析结论

（1）人才发展类：××报告/规划/规范/指示指出××【摘抄文献中与岗位能力、培训相关的关键字段】。该文件要求××岗位重点提升/拓展/强化对××等方面的认知。

（2）业务发展类：××报告/规划/规范/指示指出××【摘抄文献中与业务、培训相关的关键字段】。该文件要求××（业务相关部门）的××（目标学员）重点提升/拓展/强化对××等方面的认知。

（3）组织发展类：××报告/规划/规范/指示指出××【摘抄文献中与战略、培训相关的关键字段】。该文件要求××（目标学员）重点提升/拓展/强化对××等方面的认知。

附件五　主办方访谈提纲

（1）请简单介绍一下项目的背景及需求情况。

（2）您期望通过这个项目实现什么目标或解决什么问题？您最关注的是哪方面？

（3）您会如何判断这个项目成功与否，标准是什么？

（4）目前，这个项目的基本情况如何，比如学员的基础信息（人数、层级、职责、年龄、专业背景、工作经验、是否曾参加过相关历史培训项目？），领导及其他项目相关方对项目的看法要求等。

（5）您对这个项目有哪些已有的思路、设想？

（6）您有何推荐的课程、师资？关于课程、师资的选择您有哪些建议（根据情况补充提问：①若师资课酬较高，是否可选用？②周末是否安排课程？晚上是否安排教学活动）？

（7）是否安排结业考试？是否安排线上学习？

（8）您觉得这个项目可能存在哪些风险和障碍？

（9）您对这个项目还有哪些建议？

附件六　主办方提供资料清单

1. 人才发展类

（1）企业相关材料。

××岗位人才培养规划。

××岗位任职资格、职责说明书等。

××岗位能力模型及课程体系等相关成果。

（2）培训对象及基本情况。

学员名单、层级、岗位、年龄、文化程度、专业背景、本岗位工作年限。

（3）过往培训情况（与本次培训相关的）。

××岗位近1~3年培养计划、培训总结（培训项目、委托机构、培训形式、参训人员、面授课程、面授师资、满意度、培训成果）等。

（4）其他。

企业文献资料分析清单中通过系统检索没有的资料。

2. 业务发展类

（1）业务发展方面。

➤该部分主要用途：用于分析目标学员的工作重点，明确公司对于目标学员的要求。

1）公司业务发展规划类材料。含发展目标和岗位配置等内容。

2）近 2 年核心高层在半年、年度总结大会上关于相关业务发展的发言材料。

3）近 2 年相关业务的年度经营计划或总结。

（2）组织及人力资源状况。

➤ 该部分主要用途：用于了解目标学员的工作要求和发展环境。

1）与培训的业务主题相关的组织架构图。

2）目标学员的岗位说明（包含但不限于基本任职资质要求，主要工作职责，任职能力要求等）。

（3）相关人员绩效考核办法。

➤ 该部分主要用途：用于分析目标学员的重点工作任务。

1）目标学员绩效考核相关资料（包括绩效考核制度、考核表、考核指标体系等）。

2）目标学员近 1~2 年的业绩考核结果整体情况分析。

（4）目标学员过往培训 / 学习资料。

➤ 该部分主要用途：用于分析目标学员过往培训经历和学习特点。

针对同类主题、同类人群的相关业务培训的课件及其他学习资料（培训项目、委托机构、培训形式、参训人员、面授课程、面授师资、满意度、培训成果）。

（5）目标学员基本情况概述。

➤ 该部分主要用途：用于进行目标学员的基本情况了解和分析。

学员名单、层级、岗位、年龄、文化程度、专业背景、本岗位工作年限。

（6）其他。

其他您认为对项目开展有帮助的资料。

3. 组织发展类

（1）战略发展方面。

➤ 该部分主要用途：用于分析企业的战略目标，明确公司基于战略对于目标学员的要求。

1）公司战略发展规划类材料，含发展目标和岗位配置等内容。

2）近2年核心高层在半年、年度总结大会上关于战略发展与规划的发言材料。

（2）组织及人力资源状况。

➤ 该部分主要用途：用于了解目标学员的工作要求和发展环境。

1）企业内与战略相关的组织架构图。

2）目标学员岗位的战略定位（包含但不限于基本战略要求，主要工作职责，任职能力要求等）。

（3）目标学员过往培训/学习资料。

➤ 该部分主要用途：用于分析目标学员过往培训经历和学习特点。

针对同类主题、同类人群的相关业务培训的课件及其他学习资料（培训项目、委托机构、培训形式、参训人员、面授课程、面授师资、满意度、培训成果）。

（4）目标学员基本情况概述。

➤ 该部分主要用途：用于进行目标学员的基本情况了解和分析。

学员名单、层级、岗位、年龄、文化程度、专业背景、本岗位工作年限。

（5）其他。

其他您认为对项目开展有帮助的资料。

　　以上资料是我们根据项目经验提出的与本项目直接或间接有关的信息（请尽量详细），在项目过程中如有其他资料需求项目组会及时提出。如果您认为其他资料有助于项目展开而没有包括在内，您可以直接补充进去。

　　以上资料如有可能，请尽量提供电子版。

　　谢谢！

×××（单位名称）××× 项目组

××××年××月××日

附件七　学员访谈提纲

您好！我是××（单位）××（部门）的××，负责贵单位××培训项目的方案设计工作。为了提高培训项目的针对性和实效性，受贵单位人力资源部委托进行本次访谈，非常感谢您百忙之中接受我们的访谈。

本次访谈大概会占用您××分钟左右的时间，您今天和我们沟通的内容我们不会泄露给任何第三方。本次项目的主要目标是××，因此重点希望向您了解××等几个方面的信息。以下是我们要了解的具体问题：

个性问题

➤ 人才发展类：

（1）请简要介绍您的基本信息（专业背景、哪年来该单位，主要做过哪些岗位）及当前岗位主要任务。

（2）您所在岗位的主要考核指标是什么？

（3）您刚才所提及的工作任务达成标准分别是什么？

（4）在完成上述工作任务的过程中，您觉得面临哪些核心挑战？（知识、技能、素质等展开）

➤ 业务发展类：

（1）请简要介绍您的基本信息（哪年来该单位，主要做过哪些岗位）

及当前承担的主要业务工作。

（2）围绕 ×× 这一业务主题，您一天的工作流程是怎样的？业务达成标准分别是什么？

（3）在完成上述业务的过程中，您觉得面临哪些核心挑战？（知识、技能、素质等展开）

➢ 组织发展类：

（1）请简要介绍您的基本信息（哪年来该单位，主要做过哪些岗位）及当前承担的工作内容。

（2）您是如何看待 ×× 战略的？促使您的工作发生了什么改变？

（3）在改变的过程中，您遇到哪些核心挑战（知识、技能、素质等展开）？

共性问题

（1）为成功应对上述挑战，您认为应该进行哪些方面的学习？每个方面具体有何困惑（主题、形式等）？

（2）您过往参加过哪些培训，印象最深刻的是什么，原因是什么？

（3）您对于培训的时间、形式、频率和师资有什么期望和建议（包括推荐课程和师资）？

（4）对于此次培训有何其他期望和建议？

附件八　学员调研问卷模板

尊敬的领导＆学员：

为了科学地制订××项目培训方案，提高培训的针对性和实效性，特设计、发放本调查问卷，请您在百忙之中给予大力支持！

我们将对您交回的问卷严格保密，并保证问卷只作统计使用。请您根据实际情况认真填写。您提供的信息对我们的工作非常重要！

衷心感谢您的支持与配合！

问卷填写注意事项：

（1）选择题请根据自己的判断，在与自己想法最吻合的选项前的符号上打"√"；除了有特殊提示的题目外，本问卷题目均为单选题，见表4-1。

（2）请于××××年××月××日前完成。

表 4-1　　　　　　　　　学员调研问卷

问卷逻辑结构说明		
序号	模块	调查目的
1	个人基本信息	单位、部门、职务、年龄、文化程度、专业背景、本岗位工作年限
2	培训需求调查	培训内容、培训方式、培训时间、培训时长、培训频率、过往培训、培训期望、建议

一、个人基本信息

1. 您所在的单位：（   ）

2. 您所属的职务 & 人才层级：（   ）

    A. 中层干部   B. 基层干部   C. 普通员工

    D. 国网公司 / 省公司 / 市公司级专业领军人才

    E. 国网公司 / 省公司 / 市公司级专家人才

    F. 国网公司 / 省公司 / 市公司级专家人才后备

3. 您所属的部门：（   ）

4. 您的年龄：（   ）

    A. 30 岁及以下   B. 31~40 岁   C. 41~50 岁   D. 51 岁及以上

5. 您的文化程度：（   ）

    A. 高中或中专及以下   B. 专科   C. 本科   D. 硕士研究生及以上

6. 您的专业背景：（   ）

7. 您在本岗位的工作年限：（   ）

    A. 1 年以下   B. 1~3 年（含 1 年）   C. 3~5 年（含 3 年）

    D. 5~10 年（含 5 年）   E. 10 年及以上

二、培训需求调查

8. 您认为工作中面临哪方面能力或知识技能的挑战？

_____

9. 您认为自己应加强哪些方面培训（可多选）：（   ）

    A. 岗位应知应会知识   B. 专业领域更新知识   C. 岗位专有技能

    D. 通用能力素质   E. 个人修养   F. 企业文化

    G. 公司战略转型思路及要求   H. "互联网 +" 知识

10. 基础素养方面，您认为自己应参加哪些课程培训（可多选）：（　　）

　　A. 职业形象与商务礼仪　　B. 职业化素养修炼

　　C. 团队合作　　D. 人际关系与影响力

　　E. 有效的时间管理　　F. 专业演讲与呈现技巧

　　G. 高效能人士的七个习惯　　H. 项目管理　　I. 公文写作

11. 您期望公司在安排培训时采用的培训方法（可多选）：（　　）

　　A. 移动 App　　B. 网络学院　　C. 由内部有经验的人员进行讲授

　　D. 邀请外部讲师集中讲授　　E. 专题研讨

　　F. 光碟、视频等声像资料学习　　G. 案例分析　　H. 室外拓展

　　I. 部门内部组织经验交流与分享讨论

12. 您认为 ×× 培训应该安排在哪个时间段，以便于您能够更好地平衡工作与学习：（可多选）

　　A. 第 1 季度　　B. 第 2 季度　　C. 第 3 季度　　D. 第 4 季度

13. 您认为培训时间安排在什么时候比较合适：（　　）

　　A. 工作日（周一~周五）　　B. 周末 1 天　　C. 双休日 2 天

　　D. 无所谓，看课程需要来定　　E. 其他

14. 您认为培训时间安排多长比较合适：（　　）

　　A. 5 天　　B. 1~2 天　　C. 2~3 天　　D. 10 天（两周）　　E. 其他

15. 您认为，对于某一门课程来讲，多长的时间您比较能接受：（　　）

　　A. 6 小时（1 天）　　B. 12 小时（2 天）　　C. 12 小时以上

　　D. 无所谓，看课程需要来定　　E. 其他

16. 您乐意接受的培训频率（包括本部门内外组织的各类培训）：（　　）

　　A. 每周一次　　B. 一月一次　　C. 一季度一次

　　D. 半年一次　　E. 一年一次　　F. 其他（请说明）

17.在安排培训时，您倾向于选择哪种类型的培训师：（　　　）

A.实战派知名企业专家，有标杆企业经验

B.学院派知名教授学者，理论功底深厚

C.职业培训师，丰富的授课技巧和经验

D.内部高级人员，丰富的实战经验

E.本职位优秀员工，对本岗位业务很了解

F.其他

18.以下培训师授课风格及特点，您比较看重哪一点？（　　　）

A.理论性强，具有系统性及条理性

B.实战性强，丰富的案例辅助

C.知识渊博，引经据典，娓娓道来

D.授课形式多样，互动参与性强

E.语言风趣幽默，气氛活跃

F.激情澎湃，有感染力和号召力

G.其他

19.在之前的培训中，有哪些体验让您印象深刻？请具体阐述。

_____

20.您对本次培训还有哪些建议（具体提升的能力或需要培训的课程等）？

_____

_____

21.为了更好地帮助您完成工作目标，请您挑选出您最希望接受的培训（见表4-2）。

表 4-2 　　　　　　　　　　**最希望接受的培训**

课程模块	课程主题	课程简介	选择√

此份问卷已结束！非常感谢您的回馈与建议！

附件九　领导访谈提纲

您好！我是××（单位）××（部门）的××，负责贵单位××培训项目的方案设计工作。为了提高培训项目的针对性和实效性，受贵单位人力资源部的委托进行本次访谈，非常感谢您百忙之中接受我们的访谈。

本次访谈大概会占用您××分钟左右的时间，您今天和我们沟通的内容我们不会泄露给任何第三方。本次项目的主要目标是××，因此重点希望向您了解××等几个方面的信息。以下是我们要了解的具体问题：

（1）请简单介绍一下您在××单位的工作经历、目前的工作职责及您带领的团队情况。

（2）您所在部门的主要职能是什么，公司对部门的考核指标主要有哪些？

（3）您所在部门本年度的工作重点有哪些？对人员的培养提出了哪些要求？

（4）如果10分是满分的话，您对您所带领的××岗位人员会打多少分？您觉得主要差距在哪里（知识、技能、素质等展开）？

（5）为弥补上述差距，您认为应针对××岗位人员开展哪些方面的培训？每个方面具体有何要求（内容、形式等）？

（6）据您了解，兄弟单位或行业内外针对 ×× 岗位人员有哪些培训是可借鉴?

（7）您对于培训的时间、形式、频率和师资有什么选择建议吗?

（8）您对于此次项目还有哪些期望和建议。

附件十　外部专家访谈提纲

　　××老师，您好！我是××（单位名称）的××，我们马上要举办一个针对××企业××人群关于××主题的培训班，在方案设计上希望能够听取一些专家建议，特意向您取经。【实际运用时可根据个人习惯相对口语化】

　　（1）根据您对××单位＆行业的了解？现在的发展趋势和业务重点是什么？【可选】

　　（2）据您了解，关于××（主题）方面的培训，一般包含哪些内容？重点是什么？

　　（3）就××人群而言，关于这方面的培训，可以实施的课程有哪些？

　　（4）就以上课程，您比较擅长哪些或者您比较推荐的讲师有哪些？（追问：给谁上过，效果如何等？根据情况，请专家提供相关材料）

　　（5）此类培训项目应该注意什么（要点、风险点）？（最后询问是否还有补充）

附件十一　内部专家访谈提纲

　　××老师，您好！×××马上举办一个针对××企业××人群关于××主题的培训班，在方案设计上希望能够听取一些专家建议，特向您取经。【实际运用时可根据个人习惯相对口语化】

　　（1）对于××企业××人群关于××主题，一般应学习哪些知识和技能？

　　（2）对于××人群××主题，您过往设计过哪些培训项目&讲授过哪些课程？（尽可能地问详细人群、项目内容、课程内容、适用情况）

　　（3）此类项目设计的关键点（共性逻辑）是什么？

　　（4）过往针对这一主题或者人群，有什么比较好的培训内容或者课程（师资）可以推荐？

　　（5）此类项目的设计应该注意什么（要点、风险点）？（最后询问是否还有补充）

附件十二　调研结论

为了明确××，本次项目在××期间，采用××的方式，调研了涵盖××单位/部门、××岗位在内的××人。其中：

××岗位的人员重点关注××

××岗位的人员重点关注××

××岗位的人员重点关注××

综上所述，本次培训在内容方面应××，在课程形式方面应××，在师资方面应××，在课程时长方面应××，在培训的相关建议方面包括：××。

附件十三　调研报告

×× 培训需求调研报告

一、培训需求分析实施背景

××年××月，通过对中层管理者进行年度培训需求调查，了解到企业现任中层管理者大部分在现任岗位上任职时间较短，并大多是从基层管理岗位或者各部门的业务骨干中提拔上来的。通过培训需求调查，把管理能力提升列为中层管理者需要培训的重点内容之一。（示例）

二、调研对象

企业各职能部门主要负责人。（共计 ×× 人）

三、调研方式

调查方式：访谈、问卷调研。

（1）访谈：由 ×× 作为培训需求调研的主要负责人，同企业各职能部门负责人分别进行面谈，并与企业部分高层分别就这40人的工作表现进行沟通。

（2）问卷调查：问卷调查共发出40份，回收有效问卷 ×× 份。

四、调研收获

调查的主要内容及其分析。

×××

（以数据表或者数据图的形式，分析会对培训设计产生影响的内容）

五、差距分析

具体描述要求与现状对比得出的差距。

六、培训建议

1.时间安排：××日至××日，共计××天。

2.内容建议：

（1）课程主题建议，见表4-3。

表4-3　　　　　　　　　课程主题建议

序号	课程主题	课时
1	管理者角色定位与主要工作职责	
2	部门工作计划的有效制定标准	

（2）师资建议。

（3）学习活动建议。

活动：介绍＋开展原因　××

附件十四　课程模块常见逻辑参考

（1）心智突破、效能进阶、管理跨越。

（2）炼器、筑基、塑德、明治。

（3）自我突破（自我管理）、人际协同（管理团队）、组织发展（管理业绩）。

（4）博学、慎思、明辨、笃行。

（5）学经典、提效能、促表达。

（6）启迪智慧、创新蝶变、团队共创。

（7）脑、心、口、手。

（8）潜龙、见龙、跃龙、飞龙。

（9）公司战略 & 形势政策、领导力与执行力 & 能力提升、职业素养 & 人文素养、交流研讨 & 问题解决。

（10）德、能、勤、绩、廉。

附件十五　项目方案模板

模 板 示 例 一

一、项目概况

（一）培训期次及时间

××××年××月××日（周×）至××××年××月××日（周×），共×天，培训×天。共1期。（培训起止时间指的是开班、结业日期；若项目起止时间是同年同月，则结束时间可省略年、月；培训天数是指安排了课程、研讨、参观等教学活动的天数，不含安排休息的天数）

若本项目为多期格式如下：

本培训项目共××期，项目实施时间为××年×月至××年×月（若项目起止时间是同年同月，则结束时间可省略年、月），每期时间安排如下：

第×期：××××年××月××日（周×）至××××年××月××日（周×），共×天，培训×天；

第×期：××××年××月××日（周×）至××××年××月××日（周×），共×天，培训×天。

（二）培训地点

×××（单位）（×××市×××区西×××路×××号）

（三）培训对象及人数

××× 公司 ××× 级（领导 / 干部 / 专责人员），×× 人 / 期，共计 ×× 人。

二、方案策划

（一）需求调研

1. 现状盘点

为使培训内容更具针对性，提升培训效果，×××（单位）通过深度调研和过往培训盘点发现：

（1）学员基本情况：单位、岗位、职责、新老比例、年龄、性别、学习风格、学习形式偏好等。

（2）过往培训经历：该单位在 ×××（单位）委托的培训项目、学员参加过的培训项目（学习内容、授课教师、满意度等）。

（3）同类项目参考：××× 公司 ××× 层级 ××× 人员 ××× 培养项目，就类似主题，举办了 ××× 培训班，培训效果 ×××。

2. 需求探寻

战略发展要求（挑战）。

业务发展要求（挑战）。

能力模型要求。

岗位任职资格要求（挑战）。

3. 需求总结

基 ××× 的总体要求，××× 公司拟开展《××× 项目》，旨在贯彻 ×××，落实 ×××，夯实 ×××，营造 ×××，打造 ×××，推进 ×××，开展 ×××，促进 ×××，加强 ×××，提升 ×××。

（二）培训目标

本次项目以"×××"为核心，以"×××"为抓手，务求达成以下目标：

（1）学员层面……

（2）团队层面……

（3）组织层面……

（三）设计思路

为深化学习效果，根据学习金字塔原理，本次项目深度分析×××人群的能力模型课程体系，精准匹配课程，并根据主题嵌入丰富的教学活动，让学员在互动式体验中提升认知，加强知识、经验的内化。

（四）设计难点

介绍培训方案设计的难点和风险点，例如：

（1）要求新：主办方设计部分课程，新师资、新课程、老学员，此部分的项目效果把控难度大。

（2）人员杂：参训人员涵盖了××岗位××层级，专业程度和能力水平参差不齐，导致培训需求差异较大。

（3）时间紧：非计划内培训项目，培训需求提出时间与正式办班时间间隔短，预留调研时间不充分。

（4）人数多：项目参训人数超出培训最佳效果班级人数的要求。

（五）应对措施

介绍针对项目方案设计难点和风险点已采取了哪些措施。哪些课程实施时应注意哪些问题等。例如：

（1）要求新：项目评估要将不定项影响因素参考在内，同时，如果是多期项目，则可在前一期的基础上进行调整优化。

（2）人员杂：在课程设置上，重点参考通用能力要求，选择通用型课程。

（3）时间紧：适当借助外部资源，如协调主办方或授课讲师实施调研。

（4）人数多：建议主办方分班实施培训项目。

（六）实施建议

1. 人员保障

例如：成立项目团队，抽调有丰富经验的人员负责组织实施。

2. 机制保障

例如：采取定期沟通汇报机制，确保沟通顺畅，问题得到及时解决。

3. 班级管理

例如：项目管理建议设置班委，建议采用指纹记录考勤或签到记录考勤等。

4. 教学设施

例如：是否需要使用网络机房进行线上课程学习，是否需要移动评估、在线考试等。

5. 后勤服务

例如：是否需要西餐，是否需要考虑清真的学员等。

6. 宣传工作

例如：是否需要制作班级宣传的周报、月报、论文集等。

（七）评估建议

说明是否具备一级、二级评估条件，以及是否应纳入公司培训考核指标统计。从学员人数、×××（单位）设计课程所占比例、新师资比例等因素说明。

（八）成果产出

1. 主办单位

描述通过本培训项目，对于主办单位将产出哪些成果。例如解决工作难题的方案建议、学员能力提升将带来的好处等。

2.×××(承办单位名称)

描述通过本培训项目，对于×××（承办单位名称）将产出哪些成果。例如新课程、新师资、新项目经验、案例、故事集等。

3. 受训学员

描述通过本培训项目，对于受训学员将产出哪些成果。例如掌握新知识、新技能、带回问题解决方案等。

三、课程师资

（一）课程设置

课程设置见表4-4。主选课××学时，××天。备选课××学时，××天。

表 4-4 　　　　　　　　　　 课程设置

模块名称	课程名称	学时	培训方式	拟请师资	课程来源
模块名称（××天）	具体课程名称	4	方式名称	姓名（单位部门及职务）/备选师资姓名（单位部门及职务）	承办方推荐
	具体课程名称	8	方式名称	姓名（单位部门及职务）/备选师资姓名（单位部门及职务）	主办方指定

续表

模块名称	课程名称	学时	培训方式	拟请师资	课程来源
模块名称 （××天）	具体课程名称	1	线上自学	姓名（单位部门及职务）	承办方 推荐
	具体课程名称	2	线上自学	姓名（单位部门及职务）	主办方 指定
	具体课程名称 （备选）	4	方式名称	姓名（单位部门及职务）/ 备选师资姓名 （单位部门及职务）	承办方 推荐
	具体课程名称 （备选）	16	方式名称	姓名（单位部门及职务）/ 备选师资姓名 （单位部门及职务）	主办方 指定

备注：承办方共推荐课程 ×× 门。

（二）课程大纲

×××××

学　　时：× 学时（× 天）。

课程目标：×××。

课程内容：×××。

（三）师资简介（可选项）

姓名：×××

简介：（含师资所在单位、职务，专长领域、主讲课程和研究、教学及培训主要业绩等）。

附件：

（1）培训需求调研问卷（可选项）。

（2）培训需求分析报告（可选项）。

（3）培训历史（可选项）。

（4）参考书目（可选项）。

模板示例二

一、项目背景

1. 人群定位分析

陈述学员在企业当中的地位和战略意义，强调其成长与系统培养的重要性。

2. 能力模型构建

学员系统的培养与行为规范由能力模型决定，细述能力模型的搭建过程及核心结果。

3. 测评结果分析

根据团体测评报告，分析目标学员的能力短板与发展重点。

二、项目目标

本次项目以"×××"为核心，以"×××"为抓手，务求达成以下目标：

1. 学员层面……

2. 团队层面……

3. 组织层面……

或

1. 成果目标……

2. 效果目标……

三、设计思路

为实现 ×× 的培养目标，根据成人学习的特点，本次项目特引入行动学习项目，打造"知行悟评"的学习循圈，如图 4-1 所示。

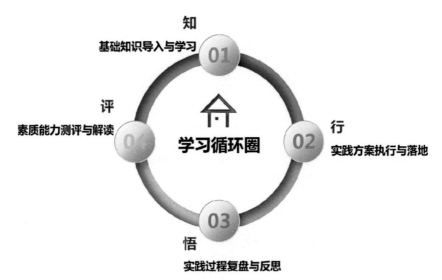

图 4-1 "知行悟评"的学习循圈

陈述该模式或者本次培训的亮点，如：

（1）针对性课程匹配：深入分析企业、学员特点，结合实际培训需求，对课程内容进行二次开发，匹配更精准。

（2）落地性行动实践：让学员在行动实践中获得真知，真正从知道到做到，实现能力提升，效果更落地。

（3）反思性总结升华：通过全面的个人复盘与团队复盘，系统进行过程反思与成果反思，认识更深刻。

（4）发展性能力评估：能力测评不仅评估能力短板，明确目标；还未学员指明发展优势与未来发展方向，影响更长远。

四、项目规划

1. 面授学习

分模块介绍面授课程及其主要内容及学员收益（含行动学习理论导入）。

2. 主题活动

与面授课程或者模块主题搭配，介绍主题活动的大概内容与意义（含行动学习研讨）。

3. 行动实践

行动实践的相关环节安排与复盘节点说明。

4. 能力后测

能力后测的内容与方式，意义。

项目规划安排时间见表 4-5。

表 4-5　　　　　项目规划安排时间表

项目模块	时间规划	内容简介	负责人	成果
开班启动		开班内容简介		
知		面授课程名		
		主题活动名		
行		行动实践内容简介		
悟		复盘内容简介		
评		测评内容简介		
总结汇报		总结汇报内容简介		

五、项目保障

1. 人员保障

例如：成立项目团队，抽调有丰富经验的人员负责组织实施。

2. 机制保障

例如：采取定期沟通汇报机制，确保沟通顺畅，问题得到及时解决；班级管理机制，项目管理建议设置班委，建议采用指纹记录考勤或签到记录考勤等。

3. 设施保障

例如：教室、多媒体设备等，是否需要使用网络机房进行网大课程学习，是否需要移动评估、在线考试等。

4. 服务保障

例如：住宿、餐饮等生活服务，是否需要西餐，是否需要考虑清真的学员等。

5. 宣传保障

例如：过程宣传方面，是否需要制作 H5、视频、图文新闻等；成果宣传方面是否需要制作班级宣传的周报、月报、论文集等。

六、成功案例

附 2~3 个案例简介，含项目背景、目标、思路及成果简介。

附件：

课程大纲及师资介绍

附件十六　培养实施规划表

培养项目实施规划见表 4-6。

表 4-6　　　　　　培养项目实施规划表

培训模块	具体内容	阶段成果	细节安排	培训机构	×× （客户）	时间	潜在风险	应对措施
阶段一 or 模块一								
阶段二 or 模块二								

附件十七　授课实施追踪表

授课实施追踪表见表 4-7。

表 4-7　　　　　　　　　　**授课实施追踪表**

培训项目名称											
培训项目名称				培训时间							
培训课程名称				师资姓名							
参训学员及人数				出勤率							
教材来源	□权威教材　　　□讲师 PPT　　　□企业内部教材　　　□其他										
学员表现评价											
考察项　　　评分	1	2	3	4	5	6	7	8	9	10	
学员听课的认真程度											
学员回答问题的积极性											
学员回答问题的准确性											
课程内容评价											
考察项　　　评分	1	2	3	4	5	6	7	8	9	10	
教学内容与课程题目是否切合											
课程时间安排是否合理											
课程讲义的目录和大纲是否清晰											
课程内容是否丰富											
教材、讲义等对课程学习的帮助											
讨论、作业、练习等的安排是否合理											
课程对实际工作是否有帮助											

续表

讲师表现评价											
讲师风格		□教士型		□学院型		□演绎型		□教练型			
考察项 评分		1	2	3	4	5	6	7	8	9	10
仪容仪表是否规范											
讲授逻辑清晰，容易理解											
语言表达清晰，语速适中											
是否旁征博引，帮助掌握											
调动课堂气氛调控适当，关注学员，适当使用肢体语言											
问题解答简明扼要有力											
理论水平和专业知识											
综合评价											
价值导向符合要求		□是				□否					
项目点赞点											
存在的问题及处理描述											
学员心得											
项目优化建议											

附件十八　行动计划表

行动计划表见表 4-8。

表 4-8

行动计划表

个人信息					填写时间：
姓名 _____	性别		所在单位		_____ 年
管理幅度 _____ 人	学历	□中专　□大专　□本科　□硕士研究生		工龄	_____ 年
				任职年限	×× 年

课程名称	关键行为改进目标	关键行为改进思想误区	关键行为改进行动计划	关键行为改进预期效果
	关键行为改进计划（如果行为改进计划中涉及到工艺、安全、流程等相关敏感工作内容，务必征求单位上级领导确认同意、并签字后才能执行，避免隐患的发生）			
填写说明	填写说明： 课程中对您实际工作最有帮助的1个方法或工具是什么 示例： 改进目标：掌握如何在班组工作中实现制度公约化的方法	填写说明： 本次培训前您在这方面的观点或想法 示例： 觉得与成员一起探讨考勤制度会不利于树立自己在团队中的威信	填写说明： 聚焦工作中的某一具体内容 第几个步骤要写清具体时间（详见示例加粗标红处） 示例： （1）3 月 28 日前，全体成员讨论第一稿形成第一稿 （2）4 月 7 日前，要求班组成员按照公约实施 （3）4 月 11 日前，全体成员第二次讨论 （4）4 月 25 日前，形成第二稿	填写说明： 你期望达到的效果，可从产出成果或下属感受的角度设想 示例： 通过透明化看板的管理工具，提升班组内容的公平感，减少填写至杜绝班组成员对您的抱怨

附件十九　关键行为改进案例举证表

第一部分　填写说明

（1）请对照《关键行为改进计划表》中"关键行为改进目标"一栏，通过描述关键行为案例证明您在近 ×× 月内的关键行为改进情况；可根据改进目标描述 1~3 个行为案例。

（2）围绕您的关键行为改进目标，从关键行为的"使用频率"与"熟练程度"两个维度对您 ×× 月内的工作实践情况做出自我评价。

（3）请您围绕每条关键行为改进目标，按照以下表格中的案例撰写要求，描述您在实际工作中的相关案例内容，并附上可以佐证您的行为改进的文档、图片、录音、录像等材料。

（4）请您的主管上级领导根据您描述的关键行为改进案例，对您过去 ×× 月中的关键行为改进情况做出评价。

备注：可参考附录中的案例示例完成案例举证表的填写。

第二部分　案例举证表

培训项目关键行为案例举证表见表4-9。

表 4-9　　××培训项目关键行为案例举证表

目标改进的关键行为 1	使用频率	熟练程度
关键行为 1：		
评分说明： 使用频率：经常使用 =5 分；较常使用 =4 分；有时使用 =3 分；偶尔使用 =2 分；从不使用 =1 分 熟练程度：非常熟练 =5 分；较为熟练 =4 分；一般熟练 =3 分；不太熟练 =2 分；完全不熟 =1 分		
关键行为改进案例描述		
1.案例描述： 　填写说明： 　请围绕着目标改进的关键行为，描述一个发生在您身上的真实故事。在案例中： 　还原最真实的场景，描述当事人的感受，列举难解决的问题，呈现最优化的方案，表明有效的结果，总结可借鉴的经验。		
2.案例附件 1： 　（填写说明：在这个事件中是否有一些可视化的成果，请附图或者附文档）。		
3.案例附件 2：		

续表

关键行为改进案例描述

4.······

进一步的提升空间：（如果"使用频率"+"熟练程度"低于6分，则必须填写该栏）
（填写说明：围绕着这个关键行为您原本期望达成的目标是什么，但是目前还有哪些问题没有解决，您未来期望得到的哪些辅导和支持来帮助您解决问题）

目标改进的关键行为 2	使用频率	熟练程度
关键行为 2：		

评分说明：
使用频率：经常使用 =5 分；较常使用 =4 分；有时使用 =3 分；偶尔使用 =2 分；从不使用 =1 分
熟练程度：非常熟练 =5 分；较为熟练 =4 分；一般熟练 =3 分；不太熟练 =2 分；完全不熟 =1 分

关键行为改进案例描述

1. 案例描述：
    填写说明：
    请围绕着目标改进的关键行为，描述一个发生在您身上的真实故事。在案例中：
    还原最真实的场景，描述当事人的感受，列举难解决的问题，呈现最优化的方案，表明有效的结果，总结可借鉴的经验。

2. 案例附件 1：
    （填写说明：在这个事件中是否有一些可视化的成果，请附图或者附文档）。

续表

关键行为改进案例描述
3. 案例附件 2 ：   4.······

进一步的提升空间：（如果"使用频率"+"熟练程度"低于 6 分，则必须填写该栏）
（填写说明：围绕着这个关键行为您原本期望达成的目标是什么，但是目前还有哪些问题没有解决，您未来期望得到的哪些辅导和支持来帮助您解决问题）

目标改进的关键行为 3	使用频率	熟练程度
关键行为 3 ：		

评分说明：
使用频率：经常使用 =5 分；较常使用 =4 分；有时使用 =3 分；偶尔使用 =2 分；从不使用 =1 分
熟练程度：非常熟练 =5 分；较为熟练 =4 分；一般熟练 =3 分；不太熟练 =2 分；完全不熟 =1 分

关键行为改进案例描述
1. 案例描述： 　填写说明： 　请围绕着目标改进的关键行为，描述一个发生在您身上的真实故事。在案例中： 　还原最真实的场景，描述当事人的感受，列举难解决的问题，呈现最优化的方案，表明有效的结果，总结可借鉴的经验。

续表

关键行为改进案例描述
2. 案例附件 1： （填写说明：在这个事件中是否有一些可视化的成果，请附图或者附文档）。   3. 案例附件 2：   4.……
进一步的提升空间：（如果"使用频率"+"熟练程度"低于 6 分，则必须填写该栏） （填写说明：围绕着这个关键行为您原本期望达成的目标是什么，但是目前还有哪些问题没有解决，您未来期望得到的哪些辅导和支持来帮助您解决问题）

第三部分 进一步的培训期望

培训期望见表 4-10。

表 4-10 培训期望

培训期望	
1. 您认为在您的工作中还存在哪些难题?	
2. 基于您的难题, 您希望增加哪方面的培训?	
3. 对于未来的培训, 您还有哪些期望?	

第四部分　上级领导评价

上级领导评价见表4-11。

表4-11　　　　　　　　上级领导评价

关键行为改进——上级领导评价				
（填写说明：请您对学员过去 ×× 月内的关键行为改变情况做出评价） 1.关键行为改进程度评分：				

关键行为名称	彻底改变 （5分）	较大改变 （4分）	一般改变 （3分）	很少改变 （2分）	没有改变 （1分）
关键行为1					
关键行为2					
关键行为3					

2.关键行为改进程度评语（请您具体描述学员的关键行为改进情况）：

领导签字：

时间：××××年××月××日

附 案例举证填写示例

案例举证填写示例见表 4–12。

表 4–12   案例举证填写示例

目标改进的关键行为	使用频率	熟练程度
关键行为 1：关注团队成员的成长，并提供相应的反馈与支持	4	4
关键行为改进案例描述		

1. 案例描述：

　　在上一次公司设备更新时期，我要求手下的员工先要认真地研究新设备的技术说明与操作方法，但是，过了一段时间我发现有些员工继续按照他们已经习惯的老旧操作方式来操作设备，出现了很多错误操作。我再一次要求，但是收效甚微。我决定使用强制手段来迫使他们改变，每当发现错误就当面训斥，但效果并不理想，他们只是看到我在现场的时候才会有意识改变，我不在现场时就又无所顾忌。如果训斥稍重了些，某些年轻的员工还会当面还嘴，与我争吵。这让我心中深感"江山易改，本性难移！"这句话的道理。

　　经过几次现场监督后，我意识到要想改变他们的行为，首先我需要改变我的管理行为。通过阅读管理学书籍，并上网学习管理学案例，我了解到改变习惯的工作方式也就是改变行为方式。首先要让学员自发地认识到改变的重要性。

　　为了让下属觉得自己需要做出改变，我准备算一笔账。首先，我开始收集一些统计数据。如，一次错误操作所带来的设备重启所浪费的时间是多少？每一次错误操作对于设备寿命的影响有多大？如果设备需要修理维护，每一次的费用会是多少？

　　在收集了这些统计数据后，我还考虑到工作过程中设备出现故障给公司带来的损失（停机费用，耽误工作造成的不良影响等）。为了能向下属讲清这些数据，我特地邀请了财务部的成本会计帮忙，如果这笔账算下来，确实对于降低成本，规避风险，我就向下属员工做详细的解释。如果我解释不好，那么就请成本会计帮助我。我还准备引导下属员工一起来算这笔账。通过算账，让他们看到他们的不良操作行为给公司及用户带来的不良后果。当然，如果算出结果不能说明他们的行为具有危害，我就得放弃我的想法。

　　按照我的设想，这笔账应该能够打动下属，让他们意识到确实有必要改变自己的操作习惯。但是，我仍然担心他们还不会行动起来改变他们的不良习惯。

续表

关键行为改进案例描述
他们可能会想新的设备操作起来不顺手，不如老设备习惯。于是我找到人力资源部的培训主管，向他说明情况，邀请他与我一起制作一些培训课程，能够更加直观有效地对下属进行操作培训。培训主管告诉我可以使用电子课件的形式来进行教学，寓教于乐，互动性很强。于是我为这个课程编写了教学大纲，主要体现了新设备的优势与操作中的重难点。这些课程让我的员工能亲眼看到新设备所带来的效率提升，以及操作的科学性。 　　为了进一步提高他们的学习兴趣，我组织他们在每周三进行一次内部交流会。让他们分成两组，每个组都需要针对操作流程进行讨论，讨论之后选出一名代表总结出流程改进建议，之后应用到实践中。建议如果确实合理，员工可以得到一定的物质奖励。 　　最终，全体员工的操作行为都产生了改变，我也通过此事总结除了一套培训指导方法。后来，我的一名下属跟我说"之前您越凶，我们就越不愿意听您的话。但是您后来向我们耐心地解释了错误操作的危害，我们也就认真起来了。"另外的一名员工也表示"最开始阅读枯燥的操作手册实在是提不起兴趣，也就没有认真去学。电子课程学习起来更加有趣，也有效率。"

2.案例

　　附件1：员工某一周工作计划

A　2013年12月1日~12月7日工作小结

类别		内容
本周工作记录	工作目标	完成项目初期的整体规划与安排
	工作内容	1.将项目过程细化，整体划分为了3个阶段，并制定了3个阶段的工作目标； 2.围绕着项目工作目标，以及相关工作事项，根据团队中2名成员的工作特点进行了合理分工； 3.将分工结果与2名成员进行了沟通，根据反馈结果进行微调，并且约定了过程中的及时反馈机制
	工作成果	《××项目工作计划》
本周工作反思		项目的工作安排需要透明化，在充分计划与沟通的基础上再完成工作；之前在做项目时，多是想到哪做到哪，没有做充分的推演和设想；并且一直认为团队成员只需要执行我分配给他们的工作事项就可以，但是忽略了如果团队成员充分沟通了自己的工作职责，明确了工作目标，不但能激发他们的工作能动性，还能发挥他们的能力使相关的工作有了进一步提升的可能性
难点求助		针对××项目模块还未完全掌握，需要相关专业人士给予支持
下周工作要点		开展项目第一阶段的相关工作

续表

关键行为改进案例描述

3. 案例

    附件2：……………………

进一步的提升空间（如果"使用频率"+"熟练程度"低于6分，则必须填写该栏）
示例：

    在本关键行为中，我希望在辅导员工的职业发展上能有所提升，目前我并不清楚如何帮助员工梳理清晰他的职业发展目标，以及从发展的愿景上激励员工积极向职业发展目标前进，希望可以从我的上级或其他渠道获知为员工制定职业发展计划需要用哪些问题做引导，以怎样的方式呈现

附件二十　项目复盘表

项目复盘表见表 4-13。

表 4-13　　　　　　　　项目复盘表

阶段	序号	工作要点	计划周期	实际周期	出现问题（与计划相比有哪些变化？存在的问题？）	改进措施及结果（采取了哪些有效的解决措施？取得了什么成果）	复盘反思（经验教训？遗憾？心得收获？）
阶段一	1						
	2						
	3						
阶段二	1						
	2						

附件二十一　经验萃取模板

最佳实践经验萃取表见表 4–14。

表 4–14　　　　　　最佳实践经验萃取表

所在岗位			
工作情境			
任务描述			
解决方式			
方法分解 （解决该问题需要经过的阶段或步骤，以及所覆盖的子步骤或活动）	面对挑战 （在每个阶段或步骤中，所面临的挑战）	应对技巧 （解决问题时所用到的方法和技巧）	配套工具 （解决问题所配套的工具或口诀等）
事件结果			

附件二十二　BEI 访谈提纲

访谈过程

➢ 访谈内容介绍，建立谈话氛围（访谈目的、访谈形式、访谈信息的用途及使用者、保密承诺）

➢ 被访谈者岗位信息或职业历程介绍

➢ 典型事件罗列

➢ 2~3 个典型的成功事例

➢ 2~3 个典型的挫折事例

➢ 从事该项工作的特殊要求

➢ 结束

访谈提纲

【背书】通过职位说明书了解被访者职位的工作职责。

第一部分　梳理工作职责

【目的】通过访谈了解被访者职位的实际工作内容——岗位名称、目前岗位的周边岗位、主要任务和职责、时间分配。

（1）您的职位名称是什么?

（2）您负责向谁汇报工作？他的职位名称是什么？

（3）谁向您汇报工作？包括哪些职位？名称是什么？

（4）您的主要任务或职责是什么？在工作中做些什么？

（5）您的某一天、某一周或某一月在做什么？

（6）有没有其他需要补充的内容？

第二部分　引导进入行为事例访谈

（7）请您罗列一下在本岗位中印象最深刻的一些事情（不用展开，了解主题即可）。

【成功事例】

（8）您觉得取得成功的事情有哪些？（其他提问方式如下）

您感到比较满意的事情有哪些？您觉得给公司带来了绩效的事情有？您觉得受到大家好评的事情是？

追问：

➤ 事情的背景是怎样的？

➤ 这件事的挑战在哪？还有哪些人参与了？

➤ 他们做了什么？他们是怎么想的？

➤ 您做了什么？您当时是怎么想的？

➤ 最后事情的结果如何？相关人的反馈是什么？

以下两个问题视情况补充：

➤ 您做得好的地方是哪些？哪些需要改进？

➤ 如果重来一次，您在哪些方面有不同的做法？

【失败事例】

（9）您感到不太满意的事情有哪些？（其他提问方式如下）

您觉得虽然通过了努力，但是结果不尽如人意的事情是什么？您觉得给公司或自己带来负面影响的事情是什么？

追问同上。

【其他补充】

（10）您感到对您的工作生涯而言影响重大的事情是什么？

您觉得既有成功之处，也有处理欠妥之处的事情是什么？

附件二十三　辅导反馈表

第 一 部 分　辅 导 效 果

辅导反馈表见表 4-15。

表 4-15　　　　　　　　辅导反馈表

被辅导人姓名：	岗位：		电话：
辅导目标达成情况	原定目标	实际完成	是否达成
业绩目标			□是　　□否
成长目标			□是　　□否

第 二 部 分　辅 导 总 结

（一）了解被辅导人的感受（此部分请与被辅导人面谈后填写）

1. 被辅导人对我辅导的真实感受及反馈是什么？

示例：很感谢导师给予的帮助和指导，一方面，就业务知识来讲，给予了详细的理论知识体系的讲解，并落实到案例分析中去，帮助理解和应用；而且对于技能提升给予了技术指导及更多的实际操作演练的机会；另一方面，也感受到了领导和团队的关心和支持，体会到了更加强烈的团队归属感，有利于以更加饱满的热情投入到工作中。

2. 被辅导人对未来辅导的期望（包含辅导内容、形式、频率等方面的期望）。

示例：未来想要继续学习关于客户需求深度挖掘的知识，以及更多业务操作的知识和技能。

希望能够通过跟随同事或者领导一起拜访客户、实地学习、情景模拟等方式进一步学习，并且每周与导师交流 1~2 次。

（二）总结辅导的心得

1. 简述辅导过程及效果（应用 STAR 法则，时间节点 + 关键步骤）。

示例：

S（情景）：被辅导人 ××× 2011 年入行，一直从事储蓄柜员工作，性格特点比较直爽，优点是有独立思考的能力，学习能力强，通过点拨能够很快地掌握新知识；缺点是有时情绪化比较明显，思考问题不够全面。希望未来的发展方向是成为未来储蓄部门的领头人物，带领全部门向上发展，进而在未来能够晋升储蓄主管。

T（任务）：期望辅导后被辅导人能独立完成一笔转借业务，提升营销开口率，将季度考评成绩上升两名。

A（关键行为）：

（1）提升营销开口率，用更简洁专业的语言进行转借营销，帮助被辅导人学习转介产品和业务流程，并且进行话术培训，利用案例分析，加强被辅导人的理解和记忆。

（2）辅导是利用情景模拟的形式，要求被辅导人自己设计营销对话，并针对不同场景设计营销策略。

（3）在业务结束后与被辅导人观看营销录像，检查开口比例，被辅导人分析如何对每一个客户进行挖掘，扩大接触客户量，从而提高成功数量。

R（结果）：被辅导人独立完成转借业务2笔，营销开口率达到80%，季度考评上升3名。

2. 分享1~3条辅导心得及干货技巧（我最实用的经验和技巧，未来会择优收录在优秀案例集中，在全行分享）。

示例：干货——辅导三步走：攻心、定方法、描述未来，在这三步中，我觉得每一步都是很重要的一个转折点，在这个过程中要注意的是主线沿着知识和技能，而心理状态和职业发展规划是关键的辅助线。

应用——在被辅导人已经掌握转借业务的知识和操作技能后，我发现营销仍存在问题，主要是被多个客户拒绝后无法及时调整心态，开口的数量及营销话术的质量都有所下降。就该问题我对其进行开导，让其意识到心态在营销中的重要性。通过再次对实际操作的回看及被辅导人一天工作的体会，我们对营销话术进一步优化，由被辅导人提出想法，我加以辅助。短期内，被辅导人的营销开口率和态度都有所改变。

3. 说出1~2条本次辅导中的遗憾，以及未来改善的构想。

示例：在辅导中，关于被辅导人的职业发展规划方面，虽然在目标中有所提及，但是在实施过程中没有具体给被辅导人做进一步指导，缺少了描述如何达成目标的步骤，未来应该加入实现个人职业道路规划的方法与路径的指导，帮助被辅导人明确努力方向，并且激励其提高工作动力和热情。

附件二十四　实施流程评估问卷

实施流程评估问卷见表 4-16。

表 4-16　　　　　　　实施流程评估问卷

实施步骤	操作要求	标准说明	分值（分）	评分（分）
说明	系统全面	说明内容要全面而系统，有条不紊	10	
	反问学员	反问学员是否听懂，避免一知半解	10	
示范	步骤完善	示范时要完善呈现各个步骤，不遗漏	10	
	速度适宜	根据学员水平确定示范速度，保证质量	10	
练习	学员练习	让学员一边说明一边练习动作内容	10	
	记录问题	记录学员练习过程中的问题，以便反馈	10	
评估	纠正问题	发现问题要及时纠正，避免形成陋习	10	
	总结收获	引导学员总结收获，顺便复习	10	
认可	肯定有点	发现学员的优点，适时加以肯定	10	
	适度赞赏	看到学员的进步，真诚而具体地褒奖	10	
备注			总分：100 分	

附件二十五　业务诊断框架

步骤型（见图 4-2）：

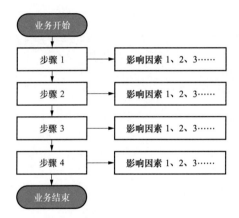

图 4-2　步骤型

并列型（见图 4-3）：

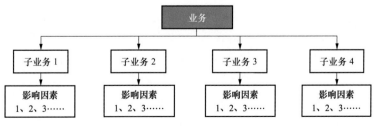

图 4-3　并列型

附件二十六　记分卡工作辅助表

记分卡工作辅助表见表 4-17。

表 4-17　　　　　　记分卡工作辅助表

1.目标：客户关注和重视的事情	2.指标：客户评估绩效的依据	3.对比：客户期望与现实的差距	4.评估：确定绩效差距原因的数据来源	5.结果：需要做什么才干预成功
示例：财务绩效：成本、成本收益、销售收入、现金流	示例：固定可变资本、投资回报、资产收益、边际收益、增长比例	示例：单价、销售电话或客户建议；销售成本要低于X；X的增长	示例：日常报告、实际与预算的差距、营业额分析	示例：提高收益率、降低成本、高利润、高收入、增加现金流

附件二十七　层级系统工作辅助表

　　请与客户一起研究设计需求评估，讨论什么是实际了解的，什么是道听途说的，并决定如何获取需要的信息。第一列有针对层级系统中每一个因素的问题列举；第二列是操作假设的例子，第三列列举了可能需要的各种数据，第四列是获取数据的建议方案，见表4-18。

表 4-18　　　　　层级系统工作辅助表

层级模型和问题	假设：要确认什么	需要收集的数据	如何获取数据
期望与目标			
1.愿景和任务			
2.目标和目的			
3.奖励和结果			
程序与效率			
4.组织和工作结构			
5.工作过程、工序和实践			
6.文案和标准			
7.工作辅助表、标识系统和标签			
资源与能力			
8.物理设备和空间			
9.培训和发展			
10.资源的容量和储备			

附件二十八　企业自我诊断问题参考

（1）什么是影响部门或小组成功的最关键因素？

（2）什么因素给部门或小组造成了最大的困扰？

（3）我们应该给"客户"提供什么样的产品或服务？

（4）哪些因素决定了"客户"的满意度？

（5）目前我们已经认定了哪些问题？

（6）企业的哪些部分感受到竞争的压力？

（7）企业目前的主要成本是什么？

（8）哪些环节所占的成本最高？

（9）哪些环节最有改善的空间？

（10）哪些环节决定了我们和竞争对手的区别？

附件二十九　标杆企业选取依据参考

1. 我们要学习什么？/ 典范企业应该具备哪些方面的长处？

从自身出发，针对对标主题中列出的对标点，确定应该学习的点应该是哪些方面，并将需要对标学习的点问题系统化，逻辑化。

2. 我们选择的标准是什么？

在选择最佳标杆公司的时候，建议项目组设计一些选择标准，譬如：公司规模的大小、所属产业类别、所处地理区域、显著的绩效、工作流程等。总之，标准的设定由项目组提前确定，尽量细化，最好能将细节问题指标化，促成筛选的高效性。

3. 哪种企业或机构在这方面的作业最在行？

如果能够先找到这类公司或机构，可以先分析待改善的领域，然后判断这个领域是哪些公司或机构的核心作业。

4. 潜在的典范企业的作业方式与我们的相似性如何？

作业方式的相似性决定了对标对接的程度，相似性越强对接的越好，可借鉴程度就会越好，最终的效果也越好。

5. 其他参考因素

（1）对标企业口碑良好（企业或者企业的某一行为）。

（2）对公司有借鉴价值（此时需结合公司特色来做选择）。

（3）标杆企业有成功案例。

（4）标杆企业也希望把标杆学习做好。

6. 根据标杆学习内容，标杆企业的选取建议见图 4-4。

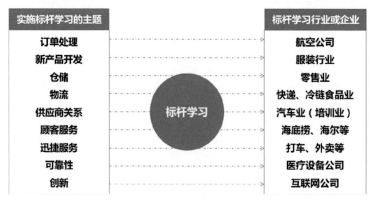

图 4-4　标杆企业的选取建议

附件三十　标杆企业数据收集渠道

标杆企业数据收集渠道见表 4-19。

表 4-19　　　　　　标杆企业数据收集渠道

政府	员工、客户、供应商
中央政府：机构专家、年鉴 地方政府：企业名录、法律文件	经销商 内部研究人员 内部主题相关专家 制造商 零售商 供应商
国外资料来源	**主题事务专家**
银行 领事馆 外国商会 外国图书馆 国际贸易委员会 / 协会 证券商	学术机构 顾问 投资分析人员
行业及专业组织与网络	**出版物**
研讨会、会议 会员网络 研究志愿服务 专业团体与专家名录	企业资讯服务 市场研究调查 线上资料库 企业出版物 刊物索引及目录
专业资料库	**人际社交活动**
行业协会	与领导、同事、朋友聊天讨论